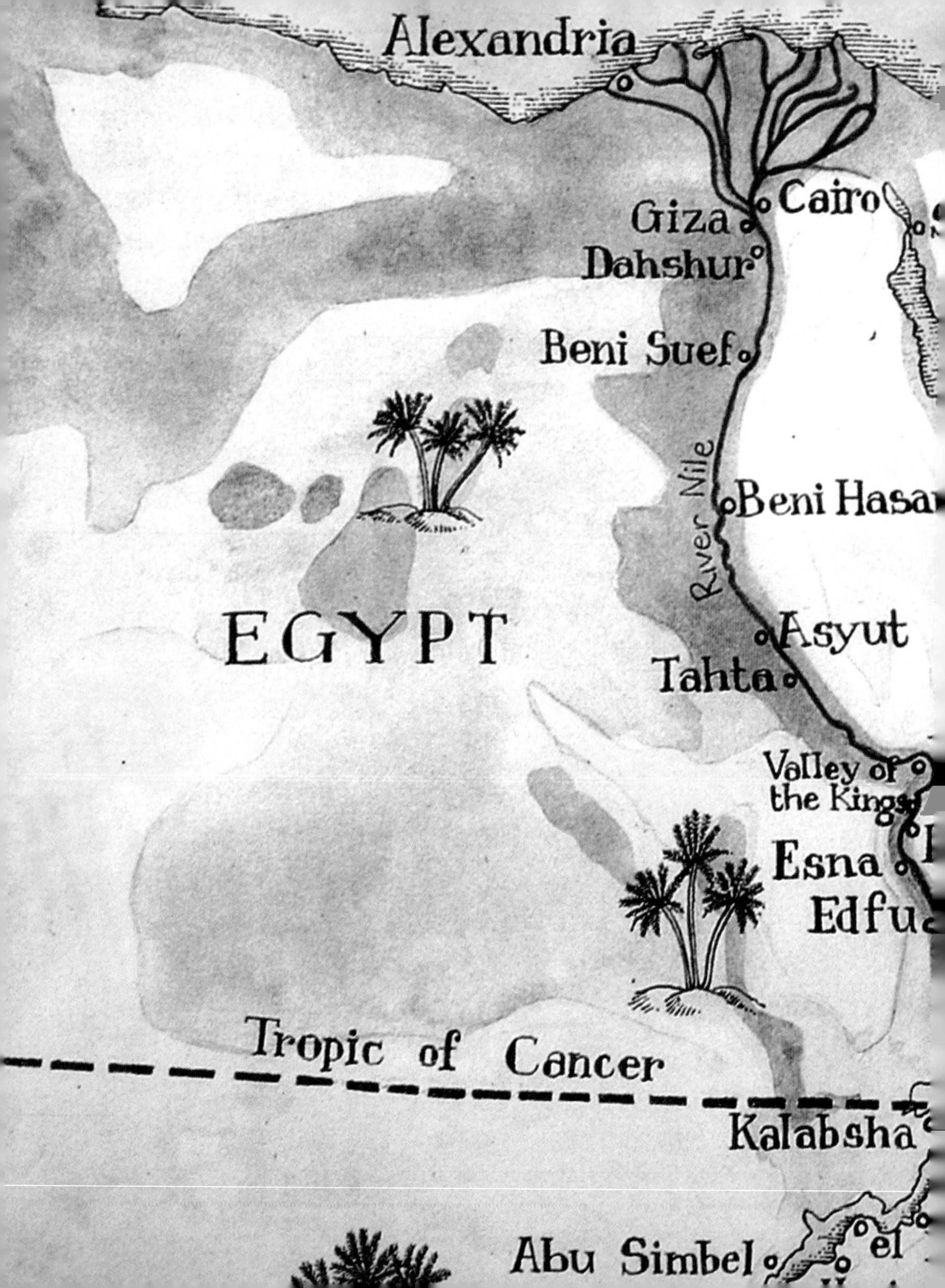

Alexandria
Cairo
Giza
Dahshur
Beni Suef
River Nile
Beni Hasan
EGYPT
Asyut
Tahta
Valley of the Kings
Esna
Edfu
Tropic of Cancer
Kalabsha
Abu Simbel

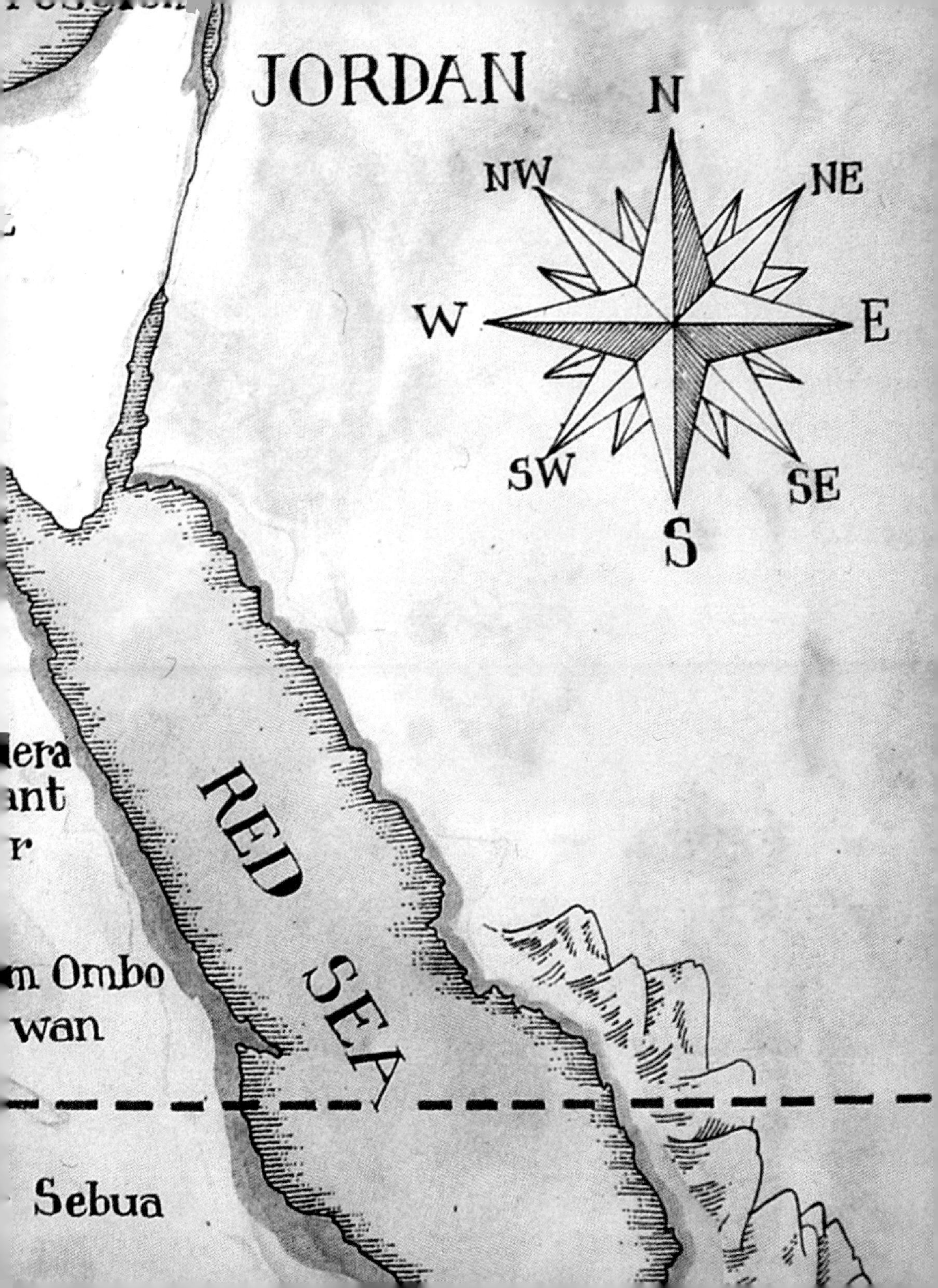

JORDAN
N
NW
NE
W
E
SW
SE
S
RED SEA
era
ant
r
n Ombo
wan
Sebua

태양신의 고향

이집트의 유혹

태양신의 고향

이집트의 유혹

글·사진 이태원

기파랑

차례

지중해
Mediterranean Sea
시리아
SYRIA
Tripoli
LEBANON
Beirut
Damascus
UNDOF Zone
GOLAN HEIGH
이스라엘
ISRAEL
Irbid
Tel Aviv-Yafo
WEST BANK
Amman
Jerusalem
GAZA
Dead Sea
요르단
JORDAN
Beersheba
As Sallum
Marsa Matruh
알렉산드리아 39
Alexandria
41 라시드
Rashid
Port Said
Al 'Arish
수에즈운하
Suez Canal
Ismailia
Ma'an
기자 15
Giza
10 카이로
Cairo
Suez
시나이
하이집트
사카라 22
Saqqara
21 멤피스
Memphis
Ra's Sudr
Elat
Al 'Aqabah
다슈르 23
Dahshur
Haql
Siwah
Gulf of Suez
Gulf of Aqaba
Nile
사우디 아라비아
SAUDI ARABIA
Al Bawiti
Ra's Gharib
At Tur
Al Minya
24 베니하산
Beni Hasan
Sharm ash Shaykh
25 아마르나
Amarna
Al Ghardaqah
Asyut
EGYPT
Bur Safajah
아비도스 26
Abydos
중이집트
27 덴데라
Dendera
Al Qusayr
28 룩소르
Luxor
Al Kharijah
Mut
Marsa al 'Alam
홍해
Red Sea
30 에드푸
Idfu
Baris
30 콤·옴보
Kom Ombo
34 아스완
Aswan
Baranis
상이집트
나세르 호
Lake Nasser
Administrative Boundary
아부·심벨 36
Abu Sunbul
수단
SUDAN

들어가는 말

이집트하면 누구나 피라미드, 스핑크스, 황금 마스크 그리고 오페라 「아이다」를 연상할 것이다. 그곳 1,200㎞에 이르는 나일강 유역의 곳곳에 5천년에 걸친 고대 이집트 왕조시대, 그레코·로만시대, 이슬람시대의 사적史蹟과 문화유산이 비교적 잘 보존된 채 남아있다.

이집트의 대표적인 관광지로 이슬람도시 카이로, 신화의 요람 헬리오폴리스, 세 피라미드로 유명한 기자, 인류 최초의 종교개혁의 무대 아마르나, 내세 신앙의 중심지 아비도스, 신전과 파라오의 암굴무덤 유적의 보고 룩소르, 누비아 유적의 아스완, 람세스 2세의 땅 아부 심벨, 알렉산더 대왕의 도시 알렉산드리아를 들 수 있다. 이들 유적지에서 웅장한 피라미드, 아름다운 오벨리스크, 장려한 신전, 거대한 신전 기둥, 신비스러운 암굴무덤, 다양한 돋새김, 극채색의 화려한 벽화 등 고대 이집트 문명의 많은 유산들을 볼 수 있다. 뿐만 아니라 그 곳에는 모세의 출애굽과 아기 예수의 이집트 피난과 관련된 기독교의 사적이 있고 중세의 향수를 느끼게 하는 이슬람시대 건축물과 모스크가 있다.

이들 다양한 문화유산들이 지구촌 사람들의 발길을 이집트로 유혹하고 있다. 그리고 일단 발을 들여놓으면 흠뻑 매료시켜 몇 번이고 다시 오게 만든다. 알고 보면 이집트는 이미 2천여 년 전부터 많은 그리스인과 로마인들이 여행한 세계에서 가장 오래된 관광지이다.

우리나라의 해외여행 자유화의 초기에는 스위스의 몽블랑이나 몽골의 대초원, 중국의 계림·장가계·구채구 같은 자연유산여행이 주류를 이루었다. 최근에 그리스·이집트·캄보디아의 앙코르와트 같은 문화유산여행이 점차 늘고 있다. 문화유산여행은 그 역사나 문화에 대해서 미리 읽고 알고 여행해야한다. 그래야만 아는 것만큼 보이고 보는 것만큼 새로운 것을 느끼고 느낀 것만큼 더 큰 감명을 받는다. 이것이 문화유산여행의 특징이기도 하다.

더욱이 이집트 여행은 가는 곳마다, 보는 것마다 유적의 웅장함에 놀라고 유물의 정교함에 감탄하고 유산이 많음에 탄복하고 내용의 신비스러움에 감명을 받는 감동의 연속이다. 그리고 이집트 여행은 하면 할수록, 보면 볼수록, 알면 알수록 더 매력을 느끼고 더 큰 감동을 받는다. 이것이 이집트 여행의 특징이다.

이 책은 고대 이집트 문명에 관한 학술서나 이집트 기행문이 아니다. 몇 번의 이집트 여행을 통해 얻은 자료를 토대로 집필한 고대 이집트 문명의 답사여행을 위한 새로운 스타일의 여행 안내서이다.

이집트 여행을 하려는 분들에게 도움이 되도록 고대 이집트 문명에 대해서는 중점적으로 이해하기 쉽게 설명했고 주요한 유적지는 여행하면서 직접 찍은 사진들을 곁들여 알기 쉽게 소개했다. 이미 이집트를 다녀온 분들에게는 여행 때 찍었던 사진을 들춰 보듯이 이집트 여행의 추억을 되살려 줄 것이다. 뿐만 아니라 이 책은 이집트 여행을 가지 않았어도 마치 가본 것처럼 고대 이집트 문명을 이해할 수 있는 하나의 입문서이다.

이집트는 꼭 가 봐야할 여행지이다. 이집트 특히 고대 이집트 문명은 볼거리가 많을 뿐만 아니라 워낙 시각효과visual effect가 좋기 때문에 예비지식 없이도 충분히 즐길 수 있다. 그렇다 하더라도 이왕이면 이집트에 관해 미리 읽고 어느 정도 알고 그리고 좀 더 역사적, 학문적으로 접근하는 답사여행을 해 보는 것도 좋을 것이다.

이제 이 책을 통하여 카이로를 출발하여 남으로 나일강을 따라 거슬러 올라가면서 기자·멤피스·사카라－중부 이집트의 아마르나·아비도스·덴데라－상 이집트의 룩소르·에드푸·콤 옴보－이집트 최남단의 아스완·아부 심벨 그리고 최북단으로 돌아가서 지중해 연안의 알렉산드리아까지 1,200㎞에 이르는 긴 여정을 우리 함께 지상여행을 떠나기로 하자. 그 다음에 이집트 여행에 나서면 더욱 값지고 보람된 여행이 될 것으로 믿는다.

2009년 여름 서울 화곡에서

이태원

룩소르 신전의 둘째 탑문과 람세스 2세상

EGYPT

I. 나일의 선물 이집트

람세스 2세 머리상 (룩소르 신전 탑문 앞)

아프리카의 외딴섬 이집트

01

홍해와 지중해 그리고 모래바다에 둘러싸인 나라

아프리카 대륙의 동북부 모퉁이, 망망대해와도 같은 모래바다沙海에 세계 4대문명의 하나인 고대 이집트 문명이 발상한 땅, 이집트가 나일강을 끼고 자리한다. 고대 이집트인들은 이 땅을 타메리Tameri, 케메트Kemet, 타위Taui라고 불렀다. 고대 이집트어로 「홍수의 땅」, 「검은 땅」, 「두 땅」을 뜻한다. 해마다 나일강이 규칙적으로 범람하면서 만들어낸 기름진 검은 두 땅, 상·하 이집트를 가리켜 붙여진 이름이다.

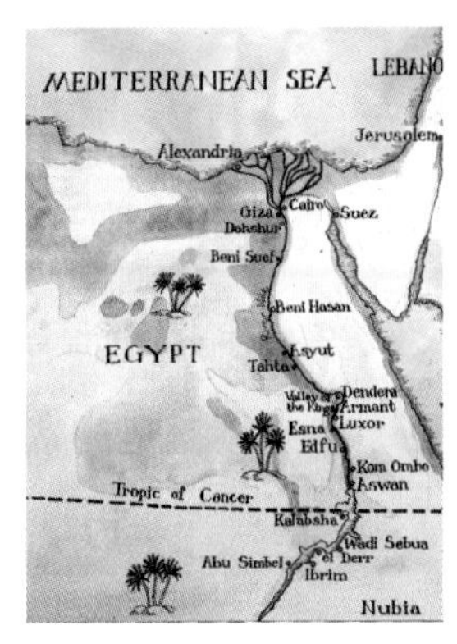

이집트-나일강

고대 이집트는 나일강을 중심으로 상·하 두 이집트로 나뉘었다. 아스완에서 카이로에 이르는 나일강 상류의 나일계곡 지대가 상 이집트Upper Egypt로 폭 15~50㎞, 길이 1,000㎞의 마치 좁고 긴 하천 오아시스 같았다. 카이로에서 지중해에 이르는 하류의 나일델타 지대가 하 이집트Lower Egypt로 동서 250㎞, 남북 170㎞의 부채 모양의 대평원이었다. 지금은 상·중·하 이집트 그리고 사막지대와 시나이

사막과 녹지대

이집트는 전국토가 검은 땅. 농경지대와 붉은 땅 사막이 뚜렷한 대조를 이루고 있음. (룩소르 동안)

반도, 이렇게 다섯 지역으로 나뉜다.

고대 이집트인들에게는 나일의 강물이 닿는 검은 땅만이 이집트였고 그곳에 살면서 나일의 강물을 마시는 사람만이 이집트인이었다. 강물이 닿지 않는 주변은 데세레트 Desheret 곧 「붉은 땅」이라고 불리는 사막으로 그곳은 아예 이집트로 여기지 않았다.

지금은 이 문명의 땅에 이슬람 국가인 이집트 아랍 공화국 the Arab Republic of Egypt 이 자리한다. 아프리카 최대의 도시 카이로가 그 수도이다. 「이집트」라는 이름은 옛 그리스의 시인 호메로스가 그리스어로 「이집트에 사는 사람」이라는 뜻으로 이집트를 아이규프토스 Aiguptos 라고 부른데서 유래되었다. 이것이 영어로 「이집트」라고 불리게 된 것이다. 예나 지금이나 이집트는 지리적으로 별로 달라진 것이 없다. 마치 아프리카 대륙 속의 외딴 섬처럼 동·서·남·북이 각각 홍해·리비아 사막, 누비아 사막, 나일강의 종착지인 지중해로 에워싸여 있다. 지금은 교통이 발달하여 이들 사막과 바다를 사람이나 문물이 쉽게 넘나들고 있다. 그렇지만 고대에는 이것들이 고대 이집트를 천혜의 요새로 만들어 주변 이민족의 침입을 막아 줬다. 이러한 지리적 여건으로 고대 이집트는 일찍부터 도시국가가 아닌 파라오가 이집트 전체를 다스린 중앙집권체제의 국가를 이룩했으며 그들 특유의 찬란한 문명을 꽃피워 인류 역사상 가장 오래 동안 지켜 내려올 수 있었다.

간추린 이집트 역사

원래 아프리카와 유럽 대륙은 육지로 연결되어 있었고 많은 호수와 숲으로 덮혀 있었다. 약 1만 년 전 구석기시대가 끝날 무렵 지구에 큰 지각변동이 일어나 두 대륙이 갈라지고 그 사이에 지중해가 생겼다. 나일강이 생긴 것도 이 무렵이었다. 뒤이어 기후가 크게 변화하면서 아프리카의 동북부 일대는 지금과 같은 사막으로 변했다.

상·하 이집트의 이중왕관을 쓴 파라오

사막을 피해 고대 이집트인들이 나일강 유역에 모여든 것은 지금부터 약 9천 년 전이었다. 이때만 해도 그들은 수렵과 채집으로 먹을 것을 찾아다니는 원시생활에서 벗어나지 못했다. 약 7천 5백 년 전 신석기시대가 시작될 무렵에 이르러서야 그들은 나일강변에 머물어 살면서 농사를 짓고 가축을 기르기 시작했다. 점차 사람들이 늘어나자 많은 부락이 생기고 이들을 다스릴 통치조직으로서 노모스Nomos라고 불리는 부족 국가들이 생겼다. 그리고 신을 섬기고 문자를 만들어 사용하고 예술이 생겨나면서 고대 이집트 문명이 싹트기 시작했다. 이 당시의 이집트는 역사가 시작되기 전의 선사시대先史時代로 신이 이집트를 다스렸다 해서 「신의 시대Time of God」라고도 불린다.

약 6천 년 전 선사시대가 끝날 무렵, 고대 이집트는 지금의 멤피스 부근을 경계로 풍토·정치·종교·문화가 서로 다른 상·하 두 이집트로 갈라져 천년 가까이 싸웠다. 나일의 상류에 자리한 상 이집트는 그 상징이 독수리의 여신 네크베트Nekhbet와 로터스[01] lotus였고 왕은 헤제트hedjet라고 불린 흰 왕관을 썼다. 수도는 네케브Nekheb였다. 하류에 자리한 하 이집트는 그 상징이 코브라의 여신 와제트Wadjyt와 파피루스[02] Papyrus였고 왕은 데슈레트deshret라고 불린 붉은 왕관을 썼다. 수도는 부토Buto였다. 신화의 세계에서 상 이집트는 선의 상징인 신 호루스, 하 이집트는 악의 상징인 신 세트의 영역이었다.

이집트에 역사시대가 시작된 것은 지금부터 5천 년 조금 전이었다. 상 이집트의 전설의 왕 나르메르[03] Narmer가 상·하 두 이집트를 통일하고 파라오가 지배하는 고대 이집트 왕조를 세우면서였다. 그는 오시리스 신화에 나오는 신 호루스의 화신 즉 현인신現人神으로서 상 이집트의 흰 왕관에 하 이집트의 붉은 왕관을 합친 프슈켄

---

01) 연꽃. 상 이집트의 상징. 저녁이 되면 꽃잎을 닫고 새벽에 첫 햇빛을 받아 다시 피어나기 때문에 재생의 상징으로서 고대 이집트인들이 신성시했음.

02) 나일강 늪지대에 자란 갈대의 일종. 하 이집트의 상징, 파피루스의 줄기를 이용하여 종이를 비롯하여 배, 샌들, 밧줄 등을 만들어 사용. 영어 페이퍼paper의 어원.

03) 상하 이집트를 통일한 고대 이집트 왕조의 시조. 나르메르는 '공격하는 메기'라는 뜻. 마네톤의 이집트사에는 미네스, 아비도스의 왕명표에는 메니로 나옴.

트Pschent라고 불리는 이중왕관을 쓰고 통일왕조를 62년 동안 다스렸다.

19세기 말 무렵, 상 이집트의 히에라콘폴리스Hiera-konpolis에서 출토된 짙은 녹색의 점판암으로 만든 화장판化粧板이 현재 카이로 이집트 박물관에서 전시되고 있다. 「나르메르의 팔레트Narmer Palette」라고 불리는 이 기념물은 앞면에 상 이집트의 흰 왕관, 뒷면에 하 이집트의 붉은 왕관을 쓴 나르메르의 위풍당당한 모습이 새겨져 있다. 이것은 이집트의 역사적 기록이 담긴 최초의 기념물로서 이것이 고대 이집트의 통일을 대변해주고 있다.

이렇게 시작된 이집트의 역사시대는 반만년에 이르는 오랜 역사의 흐름 속에서 고대 이집트 왕조시대 – 그레코·로만시대 – 이슬람시대로 이어져 오늘에 이른다.

나르메르의 팔레트

녹색 점판암으로 만든 나르메르 왕의 팔레트. (런던 대영 박물관)

고대 이집트 왕조시대

고대 이집트 왕조시대〈Dynastic Period: B.C.3100~332〉는 초기왕조 – 고왕국04) Old Kingdom – 중왕국05) Middle Kingdom – 신왕국06) New Kingdom – 말기왕조시대로 약 3천 년 동안 이어 오면서 30왕조에 약 185명에 이

---

04) 제3~6왕조(B.C.2686~B.C.2181). 고대 이집트 최초의 황금기. 왕도 멤피스.

05) 제11~13왕조(B.C.2040~B.C.1650). 두 번째 황금기. 왕도 테베.

06) 제18~20왕조(B.C.1550~B.C.1069). 세 번째 황금기. 왕도 테베. 말기에 페르-라메수로 천도.

세마 타위 의식

상하 이집트의 상징 로터스와 파피루스를 나일의 신 하피가 하나로 묶는 의식. 두 이집트의 통일 상징.

르는 파라오가 고대 이집트를 다스렸다. 물론 그 사이에 고대 이집트는 몇 차례 분열되기도 하고 주변 이민족의 침입과 지배를 받은 적도 있었다.

흔히 「파라오 시대」라고 불리는 왕조시대의 특징은 파라오Pharaoh의 존재였다. 고대 이집트 왕조는 파라오를 정점으로 한 신왕국가神王國家였다. 이 왕조는 유일한 지배자인 파라오의 통치 밑에서 같은 종족, 같은 종교, 같은 언어와 문자, 그리고 같은 풍습과 문화를 바탕으로 훌륭한 고대 국가와 위대한 문명을 이루었다. 파라오는 신왕으로 정치적으로는 왕이며 종교적으로는 태양신의 화신으로 지상의 지배권을 가진 살아있는 신이었다. 파라오의 임무는 세상의 질서를 유지하고 혼돈을 방지하는데 있었다.

「파라오」라는 칭호는 고대 이집트의 「큰 집에 사는 사람」이라는 뜻의 히에로글리프 페르-아pr-aa에서 유래되었다. 성서 구약에서는 바로Paroh라고 불렀다. 파라오는 머리에 이중왕관을 쓰고, 얼굴에는 권위의 상징인 가짜 수염을 달았다. 그리고 손에는 왕권을 상징하는 도리깨를 들고 있었다. 파라오는 호루스 이름, 황금 호루스 이름, 두 여신 이름, 즉위 이름, 탄생 이름의 다섯 가지 칭호를 가졌다. 즉위 이름과 탄생 이름은 카르투시 cartouche 라고 불리는 두 겹의 테를 두른 두루마리 꼴의 장식 속에 표기했다. 카르투시는 고대 이집트어로 「보호하다」라는 뜻으로 세누 shenou 라고 불렀다. 태양신 라가 파라오를 보호하고 있다는 것을 상징한다.

거대한 피라미드나 장려한 신전과 같은 많은 유적들은 왕조시대의 유산이다. 왕조시대의 종교는 다신교로 많은 신을 섬겼고 언어는 고대 이집트어, 문자는 그림문자인 히에로글리프 Hieroglyphs 를 사용했다. 첫 왕도는 멤피스였으며 이어서 테베로 옮겼다가 말기에 델타지대의 페르-라메수[07] Per-Ramessu 에 새 왕도를 세워 옮겼다.

그레코·로만 시대

마케도니아의 알렉산더 대왕[08]이 이집트를 정복한 것은 기원전 4세기 초였다. 대왕이 직접 이집트를 다스리다가 동방원정에 나가 갑자기 죽자 그의 부하 장군이 프톨레마이오스 왕조〈Ptolemaeos Dynasty: B.C.304~30〉를 열었다. 이 왕조는 약 3백 년 동안 고대 이집트 왕조의 전통을 존중하면서 파라오처럼 이집트를 다스렸다. 그러나 실제로는 그리스의 이집트 지배였다. 뒤이어 기원전 1세기 말, 이집트는 로마 제국의 속국〈B.C.30~A.D.641〉이 되어 약 7백 년 동안

카르투시
람세스 2세의 즉위 이름 카르투시.

07) 카이로 북동 100km의 델타지대에 람세스 2세가 세운 왕도. 구약성서[창세기 47장 11절]에서 보배로운 도시, 람세스의 땅이라고 한 라암세스[Raamses]. 지금은 완전히 소멸되어 위치조차 알 수 없음.

08) 마케도니아의 왕 필립포스 2세의 아들. 페르시아 제국 멸망시킴. 그리스-이집트-페르시아-인도에 이르는 대제국 건설. 헬레니즘 문화 이룩.

고대 이집트 연대표 기원전

6000년경 신석기시대
농경목축 시작
4000년경 선왕조시대
상하이집트 대립
3100년경 초기왕조시대(제1-2왕조)
나르메르 상하 이집트통일
왕도 멤피스

2650년경 고왕국시대(제 3-6왕조)
피라미드·태양신전 건조
피라미드 텍스트 출현
2180년경 제1중간기(제7-11왕조)
중앙집권 붕괴 첫 혼란기

2040년경 중왕국시대(제11-12왕조)
멘투헤테프 2세 재통일
왕도 테베, 관·텍스트출현
1785년경 제2중간기(제13-17왕조)
둘째 혼란기, 힉소스 침입

1565년경 신왕국시대(제18-20왕조)
재통일 왕도 테베
아멘신전 대규모화
왕들의 계곡조영
사자의 책 출현
1365년경 아멘헤테프 4세 종교개혁
유일 신 아텐 신앙
1350년경 투탕카멘 아멘 신앙 복귀
1295년경 람세스 2세 카데시 전투
왕도 페루 라메수
1070년경 제3중간기(제21-25왕조)
셋째 혼란기
945년경 이민족의 이집트 지배 시작
750년경 말기왕조시대(제25-30왕조)
페르시아 이집트 지배

332년경 알렉산더 대왕 이집트 정복
수도 알렉산드리아
305년경 프톨레마이오스왕조시대
30년경 로마제국의 속주 시대
클레오파트라 7세 자살
고대 이집트 왕조시대 종언

그 지배를 받았다. 이렇게 그리스와 로마 제국이 이집트를 지배한 약 천년 동안이 그레코·로만시대〈Greco-Roman Period: B.C.332~641〉로 수도는 알렉산드리아였다. 종교는 다신교에서 일신교인 그리스도교로 바뀌었고 문자는 히에로글리프 대신에 콥트문자를 사용했다.

이슬람 시대

이슬람 제국이 이집트를 점령한 것은 7세기 중반이었다. 그 이후 지금까지 1천 3백여 년 동안 이슬람시대가 지속되고 있다. 이슬람 시대의 이집트는 7세기부터 15세기까지는 우마위야Umaiyad - 툴룬Tulunids - 이크쉬드Ikshidids - 파티마Fatimid - 아이유부Ayyubid - 맘루크Mameluke 등 이슬람 왕조 지배시대, 16세기에서 18세기까지는 오스만 터키〈Ottoman Turk: 1517~1805〉의 속주시대, 18세기 후반의 나폴레옹 프랑스군의 침략과 19세기의 영국 보호시대 등 이민족의 지배시대가 계속되었다.

20세기 초에 이르러서야 이집트는 알렉산더 대왕의 점령 이후 2천 3백여 년 만에 독립하여 이집트 왕국〈Kingdom of Egypt: 1922~1953〉을 열었다. 그러나 그것도 잠시뿐, 1952년, 이집트는 가말 압둘 나세르[09] G.A.Naser가 이끄는 자유장교단의 쿠데타로 공화국시대가 열려 오늘에 이른다.

09) 이집트의 군인 정치인. 1952년 나기브와 함께 자유장교단 결성 이집트 혁명 성공. 제2대 대통령. 수에즈 운하 국유화. 아스완 하이 댐 건설 계획.

파라오 돋새김 (카르나크 대신전-룩소르)

파라오 입상 (람세스 3세 장제전)

21세기의 이집트

02

관광·천연자원, 수에즈운하가 미래를 약속

이집트의 국토는 동서로 1,200㎞, 남북으로 1,300㎞로 그 넓이가 약 100만㎢에 이르며 우리나라의 4.5배이다. 이렇게 넓은 땅에 7천 6백만 명을 헤아리는 인구가 산다. 하지만 국토의 95%가 불모의 사막이고 나머지 5%만이 나일강 유역의 농경지대로 인구의 99%가 이곳에 산다.

이집트는 북반구북위 22°~32°-오키나와와 상해에 위치해 있지만, 주위가 사막에 둘러싸여 있어 매우 덥고 건조한 전형적인 사막기후이다. 봄과 가을이 매우 짧다. 5월부터 9월까지가 무더운 여름이고 11월부터 3월까지가 온난한 겨울이다. 평균 기온은 겨울이 섭씨 14°, 여름은 30°이다. 그렇지만 사막지대와 남부 내륙지방은 지열까지 합치면 50°가 훨씬 넘는다. 고대 이집트인들이 「나일의 이슬」이라고 불렀던 비는 거의 오지 않아 연평균 강우량이 카이로가 24㎜이고 아스완이 1㎜밖에 안 된다. 그러다보니 이집트에서 기상예보는 풍

전통복장을 한 아랍계 이집트인

향, 기온, 운량만 보도하고 비에 대한 예보가 없다. 봄이 되면 타오르는 불꽃처럼 빨간 꽃이 피는 화염수火焰樹가 나일강변을 붉게 물들인다. 이때부터 5월초까지 함신Khamsin 즉 「50일 바람」이라고 불리는 뜨겁고 건조한 모래바람이 사하라 사막에서 심하게 불어온다. 아라비안나이트에서 「마신魔神이 타고 오는 바람」이라고 한 바로 그 바람이다. 한번 불면 49일 동안 계속 불기 때문에 붙여진 이름이다. 늦은 봄에 중국 대륙에서 우리나라로 불어오는 황사와 비슷하다. 이 기간에는 이집트 여행을 피하는 것이 좋다. 이 바람이 그치면 그때부터 무더운 여름이 시작된다.

이집트의 원주민은 니그로이드Negroid를 모체로 아프리카 남부에서 올라온 상 이집트의 함족Hamites과 서아시아에서 건너온 하 이집트의 셈족Semites의 혼혈이었다. 하지만 이집트가 이슬람화 되면서 원주민과 아랍인 사이에 대대적인 혼혈이 이뤄져 지금은 인구의 대부분이 아랍계 이집트인이다. 다만 6백만 명에 가까운 콥트교도들Copts이 고대 이집트인들의 후손으로 원주민의 피를 이어가고 있다. 그밖에 사막지대에 유목민 베두인족Bedouin, 아스완 남부 누비아 지방에 검은 피부에 곱슬머리의 누비아인Nubian이 산다. 베두윈은 아랍어로 「사막에 산다」는 뜻이며 누비아는 「황금이 나는 곳」이라는 뜻이다. 종교는 두 번의 완전한 단절이 있었다. 왕조시대에는 다신교로 많은 신을 섬겼으나 그레코·로만시대에는 일신교인 그리스도교로 바뀌었다. 지금은 이슬람교로 다시 바뀌어 이집트인들의 대부분이 무슬림이다. 다만 이집트는 이슬람 국가인데도 인구의 약 8%가 초기 그리스도교의 일파인 콥트교도들이다. 이슬람 문

근대 이집트 약사

313년 로마제국 그리스도교 공인
모든 이집트 신전 폐쇄

641년 이슬람군 이집트 점령
1517년 오스만 터키 지배시대
1789년 나폴레옹 프랑스군 침입
1799년 로제타스톤 발견

1805년 무함마드 알리 왕조시대
1869년 수에즈 운하 개통
1982년 영국 점령
1902년 아스완 댐 완공
1914년 영국의 보호국시대

1922년 이집트왕국 성립
투탕카멘 무덤 발견
1952년 이집트 혁명. 왕정타도

1953년 공화국시대
초대 대통령 나기브 취임
1956년 제2대 대통령 나세르 취임
수에즈 운하 국유화
1958년 아랍연합국 결성
1967년 이스라엘 시나이반도 점령
1970년 사다트 제3대 대통령 취임
1971년 아스완 하이 댐 완성
1979년 이스라엘 평화조약 체결
1981년 사다트 대통령 암살
무바라크 4대 대통령 취임
1982년 이스라엘 시나이반도 철퇴

화권에서 결코 적은 수가 아니지만, 두 종교가 그들 나름대로 공존하고 있다.

현재 이집트의 공용어는 아랍어이다. 왕조시대 사용했던 고대 이집트어나 그레코·로만시대에 사용했던 콥트어는 사라진지 오래다. 문자도 고대 이집트에서 3천년 넘게 사용했던 그림문자는 신전의 돌기둥이나 벽화의 장식으로 남아 있을 뿐 지금은 아랍 문자만 사용한다. 모든 이슬람 국가가 그러하듯이 이집트의 휴일은 금요일이며 모스크에서 집단예배를 갖는다. 오늘날 이집트는 이슬람 세계의 중심에 있다. 더욱이 고대 문명이 남긴 세계 최대의 관광자원, 「파라오의 수로」라고 불리는 수에즈 운하[10] Suez Canal, 시나이 반도의 풍부한 원유와 천연가스 자원이 벌어들이는 막대한 외화가 이집트 경제를 뒷받침 해준다. 다만 현재 이집트가 개발도상국가로 머물러 있어 안타깝다. 그들의 저력이 다시 살아나 21세기에는 새로운 이집트의 번영이 있기를 기대해본다.※

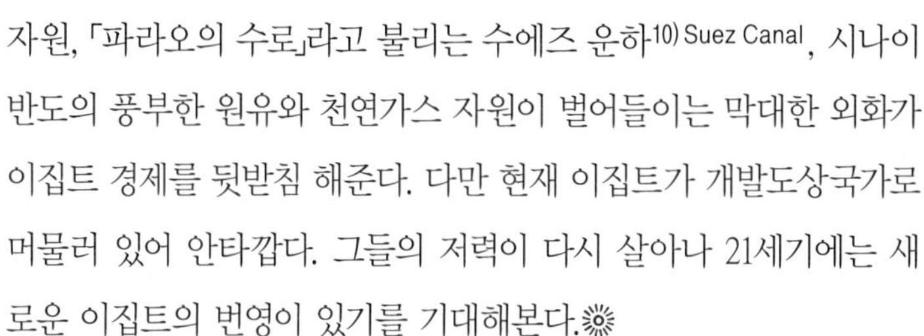

무명용사 무덤
지하에 무덤 건너편 사열대에서 총격 받아 사망한 사다트의 유해가 지하에 안치되어 있음. (카이로)

10) 시나이 반도 서부, 지중해의 포트 사이드와 홍해의 수에즈를 연결하는 세계 최대의 운하. 1859년에 착공, 1869년에 완공.

나일 신 하피 (세티 1세 신전-아비도스)

문명의 산실 나일강

03

외줄기 끝에 활짝 핀 한 송이 연꽃 나일강

「이집트는 나일의 선물」이다. 기원전 5세기 옛 그리스의 역사가로 「역사의 아버지」라고 불린 헤로도토스[11]〈Herodotos: B.C. 484~425〉가 그의 저서 『역사Historial』에 남긴 말이다. 이 한 마디가 이집트를 가장 잘 대변해준다. 그의 말대로 이집트는 곧 나일강이며 고대 이집트 문명은 곧 나일 문명이다. 나일강이 없으면 이집트는 예나 지금이나 불모의 사막에 지나지 않는다.

동북 아프리카의 광대한 사막을 유유히 흐르는 나일강은 그 길이가 6,695㎞로 세계에서 가장 긴 강이다. 고대 이집트인들은 이 강을 이테르Iteru라고 불렀다. 고대 이집트어로 「큰 강」이라는 뜻이다. 이테르에 지명사를 붙인 나 이테르를 그리스인들이 그리스어로 부

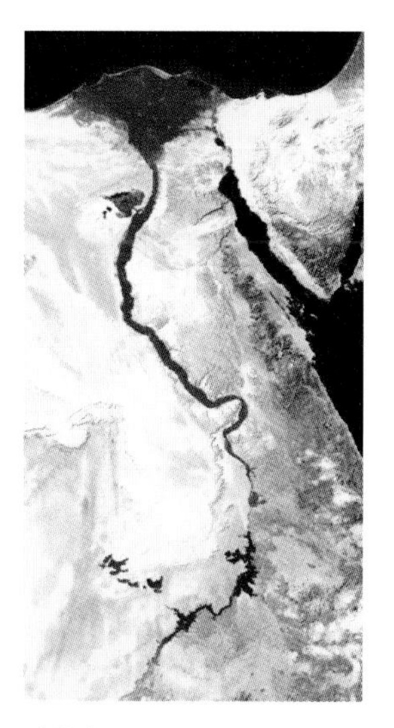

나일강

청나일과 백나일이 합쳐져서 나일강이 됨.

11) 옛 그리스의 역사가. 기원전 5세기, 그의 저서 『역사』 제2권에 이집트의 역사지리·민속종교·관습·전설에 관한 기록 남김. 고대 이집트 문명에 관한 가장 오래된 기록.

사막 속의 나일강
아스완에서 아부 심벨 가는 도중에서 본 나일강.

르면서 나일이 된 것이다. 혹은 그리스 신화에 나오는 강의 신 닐루스Nilus에서 유래된 것이라고도 한다.

하늘에서 본 나일강은 마치 세 개의 뿌리를 가진 잎 없는 외줄기 끝에 활짝 핀 한 송이 연꽃과 같다. 줄기 부분이 나일계곡 지대이고 꽃 부분이 나일델타 지대이다. 고대 이집트인들은 나일강은 하늘에서 발원하여 지하에 있는 명계冥界: 죽은 자의 세계의 나일강을 거쳐 아스완의 엘레판티네 섬 부근에서 지상으로 솟아올라와 남과 북으로 갈라져 흐른다고 생각했다. 19세기에 이르러서야 아프리카 적도의 오지에 있는 빅토리아 호에서 발원한 백나일White Nile과 에티오피아 고원에서 발원한 청나일Blue Nile이 수단의 수도 하르툼Khartoum부근에서 만나 여기에 아트바라Atbara강이 합류하여 하나의 큰 강, 나일강이 된다는 것을 알았다.

이렇게 시작된 나일강은 6군데의 물살이 센 급류지대cataract를 지나 이집트로 흘러 들어온다. 거기서부터 카이로까지 사막지대를 나일강은 도중에 합류하는 지류 하나 없이 외줄기로 강변에 좁다란 나일계곡의 농경지대를 형성하면서 북류한다. 카이로를 지나면서 나일강은 몇 갈래로 갈라져 대평원 나일델타를 이루며 지중해로 흘러 들어간다.

예나 지금이나 이집트는 비가 오지 않는 불모의 사막지대이다. 그런 곳에서 사람들이 모여 살고 농사를 지을 수 있었던 것은 오로지 나일강의 풍부한 물, 그것도 해마다 여름이 되면 어김없이 수해 아닌 수해를 안겨다준 나일강의 범람의 덕분이었다. 6월부터 9월까지 에티오피아 고원 일대에 내린 집중호우로 크게 불어난 청나일의 강물이 6월 말에는 나일강 상류의 아스완, 7월 중순에는 하류의 델타지대에 도달했다. 하늘은 쾌청한데 나일강은 마치 엊그제 쏟아진 폭우로 홍수가 일어난 것처럼 강물이 불어났다. 이렇게 불어나기 시작한 강물로 8월이 되면 나일강은 범람하고 9월 중순부터 10월 중순까지 수위가 절정에 이르렀다. 이때 나일강의 수위는 가장 낮은 6월보다 8배~15배가 높아졌고 강폭은 15~20배가 넓어졌다. 강 주변의 농경지는 물론 인접사막까지 물에 잠겨 얕은 호수처럼 변했다. 마을과 약간 높은 언덕은 외딴 섬처럼 되어 사람들은 배로 다녀야 했다.

강물이 불어나면서 나일강은 나일 실트Nile silt라고 불리는 아프리카 오지의 기름진 앙금을 실어다 줬다. 11월 중순부터 강물이 빠지면 기름진 검은 흙이 쌓여 사막에서도 농사를 지을 수 있는 비옥

계단식 나일로 미터

범람의 집이라고 불린 나일강의 수위 측정시설. (아스완 나일강)

한 땅이 만들어 졌다. 나일강 유역은 뜨거운 햇볕, 기름진 검은 땅, 그리고 풍부한 물이 어우러져 씨를 뿌리기만 하면 싹이 트고 자라서 열매를 맺는 천연의 온실이나 다름없게 되었다. 이때부터 다음해 2월까지가 밭을 갈고 씨를 뿌리는 시기이며 3월부터 6월까지가 농산물이 자라고 걷어 들이는 시기였다. 그때가 되면 나일강 유역은 온통 푸르름으로 뒤덮이고 풍요로움이 넘쳤다.

검은 땅으로 뒤덮인 나일강 유역은 농사짓기 좋고 물과 먹을 것이 풍부한 지상의 낙원이었다. 검은 땅의 바로 바깥은 붉은 땅인 사막지대로 농사를 지을 수 없을 뿐만 아니라 사람이 살기조차 어려웠다. 그들은 죽은 후에도 재생·부활하여 내세에서 이 세상에서와 똑같은 삶이 영원히 지속되기를 원했다. 그들의 이러한 간절한 바람이 고대 이집트 특유의 내세 신앙, 장례풍속, 재생·부활·영생의 사생관을 만들어 냈다. 그리고 그것이 고대 이집트 문명의 바탕을 이뤘다.

고대 이집트 문명은 나일강이 범람하는 리듬 속에서 싹 트고 자라서 찬란한 꽃을 피웠던 문명이다. 그뿐만 아니다. 고대 이집트인들은 강물이 불어나는 것을 미리 알기 위해 천문학, 물이 불어났다가 빠지면 농토의 경계선을 다시 긋기 위해 측량기술, 농사에 필요한 물을 저장해 두기 위한 저수지와 관개시설을 만들기 위해 건

나일강-룩소르

축기술, 토지의 면적이 얼마나 되고 곡식을 얼마나 걷어 들였는지를 알기 위해 수학이 발달했다. 또한 범람의 시기를 알기 위해 달력을 만들어 사용했다.

더욱이 고대 이집트인들은 강물의 수위를 측정하기 위해 나일강변의 90군데에 「범람의 집」이라고 불린 나일로 미터Nilometer를 설치했다. 나일로 미터는 나일강변의 돌 벽에 눈금을 표시하여 만들었으나 일부 나일로 미터는 계단식이나 우물식으로 만들었다. 카이로의 로다 섬이나 아스완의 엘레판티네 섬에는 계단식, 그리고 콤 옴보의 신전에는 우물식 나일로 미터가 지금도 남아 있다.

또한 나일강은 교통수단으로도 중요한 역할을 했다. 사막에는 모래뿐이고 도로라고는 아예 없었던 그 옛날에 나일강은 상류와 하류를 이어주는 유일한 교통수단이었다. 나일강이 없었으면 그 넓은 땅을 파라오가 다스릴 수 없었고 피라미드와 같은 거대한 석조기념건축물을 만들 수 없었다. 또한 사막지대인데도 나일계곡의 곳곳에 사암·석회암·화강암·규암 그리고 흰 앨러배스터설화석고 따위 돌들이 풍부했다. 고대 이집트인들이 그들의 나라를 「돌의 나라」, 그들의 문명을 「돌의 문명」이라고 일컬을 정도로 거대한 석조기념건축물을 그토록 많이 지을 수 있었던 것은 나일강 유역에 풍부한 돌이 있었기 때문이었다. 그리고 나일강 늪지대에서 자란 파피루스는 종이의 원료가 되어 일찍부터 기록을 남길 수 있게 해줬다.

아스완 하이 댐 기념탑 (아스완)

이처럼 나일강은 하늘이 이집트에 내린 최고의 선물이었고 이집트는 사막 속에 신이 내린 축복의 땅이었다. 그래서 고대 이집트인들은 나일강을 나일의 신 하피Hapy로 신격화하여 왕조시대 내내 중요한 신으로 섬겼다. 그들은 해마다 나일의 강물이 불어 날 때가 되면 하피 신을 위해 축제를 열고 「나일의 찬가Nile Hymns」를 부르며 신을 찬양했고 신의 은총에 감사했다. 그들은 강물이 불어나 풍년이 오는 것은 하피 신의 축복 때문이고 강물이 줄어들어 가뭄이 오는 것은 그의 불만 때문이라고 믿었다.

고대 농경 문화권에서는 자연의 규칙적인 변화 곧 비가 오는 때나 씨를 뿌릴 때를 알기 위해 태양력이 발달했다. 반면에 어로 문화권에서는 바닷물의 움직임으로 물고기가 많이 잡힐 때를 알기 위해 태음력이 발달했다. 전형적인 농경사회였던 고대 이집트도 일찍부터 태양력을 만들어 사용했다. 다만 그들은 태양의 운행보다는 나일의 강물이 불어나는 주기를 기준으로 한 해를 정하고 나일강의 물이 불어나기 시작하는 날을 새해 첫날로 정했다. 그날은 바로 고대 이집트인들이 소티스Sothis라고 불렀던 가장 밝은 항성 시리우스Sirius가 70일 동안 하늘에서 사라졌다가 아침에 동쪽 하늘에 태양과 함께 다시 나타나는 날이었다. 지금의 달력으로 7월 19일 전후이다. 이처럼 고대 이집트에서는 시리우스가 다시 나타나는 하늘의 현상과 나일의 강물이 불어나는 땅의 현상을 합쳐서 태양력을 만들어 사용했다.

고대 이집트의 태양력에 따르면 1년은 12개월, 1개월은 30일, 여기에 추가일 5일을 보태서 1년을 365일로 정했다. 1년은 나일강의 수위를 기준으로 4개월씩 묶어 3계절로 나누었다. 강물이 불어나는 계절은 범람기로 고대 이집트어로 아크헤트akhet, 씨를 뿌리고 농작물이 자라는 계절은 파종기로 페레트peret, 농산물을 걷어들이는 계절은 수확기로 셰무shemu라고 불렀다. 하루는 24시간으로 밤과 낮을 각각 12시간씩으로 나누었다. 고대 이집트의 태양력은 기원전 1세기, 로마시대에 카이사르가 만든 율리우스력Julian Calender과 그레고리 13세가 이를 개량하여 만든 오늘날 우리들이 사용하고 있는 1년을 365일 6시간으로 하고 4년마다 하루씩 윤날을 둔 그레고리력Gregory Calender의 기초가 되었다.

사냥 벽화
늪에서 새 사냥하는 모습.
룩소르의 네바문 무덤.
(대영 박물관)

거룻배
축제에 참가하는 파라오의 거룻배.
(람세스 3세 장제전-룩소르 서안)

1902년의 아스완 댐의 완공에 이어 1970년에 「현대의 피라미드」라고 일컫는 아스완 하이 댐이 완공되었다. 나일강 상류의 사막 속에 길이 485㎞의 거대한 인공호수 나세르 호가 탄생했다. 그 결과, 홍수의 예방과 안정된 농업용수의 공급이 이루어져 1년에 두 번 농사를 짓고 수확을 할 수 있게 되었다. 그리고 나일의 범람이 없어지면서 농지, 공업용지, 주택지, 전력 생산이 크게 늘어나 이집트의 경제성장에 크게 이바지 하고 있다.

그러나 두 댐의 완공은 5천년 넘게 나일 범람의 리듬에 맞춰 살아온 이집트인들에게 큰 변화를 가져다 줬다. 나일강이 범람하면서 실어다 준 기름진 흙은 더 기대할 수 없고 이제는 화학비료로 농사를 지을 수밖에 없게 되었다. 많은 신전유적들이 침수되고 일부만 유네스코의 도움으로 구제되었다. 뿐만 아니다. 신전이나 대스핑크스는 염해鹽害가 심해져 언제 파괴될지 모르는 심각한 국면에 부딪히고 있다. 이처럼 나일강은 이집트에 큰 변화를 가져왔다.

그렇다 하더라도 독일 시인 헨리 리 헌트〈Henry Leigh Hunt: 1784~1859〉는 「나일강을 생각 함A thought of the Nile」이란 시의 첫 구절에서 다음과 같이 나일강을 읊고 있다.

오랜 세월 이집트와 사막 사이를
조용히 흘러온 나일강
위대한 꿈을 이루려는 위인처럼
모든 시대에 그리고 모든 것에
찬란하고 영원한 생명을 줘 왔다.

이처럼 이집트의 생명의 젖줄이며 이집트 문명의 산실인 나일강은 찬란했던 문명의 유산과 숱한 역사의 사연을 안은 채 오천년의 시공을 초월하여 광대한 모래 바다 속을 오늘도 묵묵히 흐르고 있다. 나일강은 참으로 위대한 강이며 영원한 생명의 강이다.❊

람세스 2세 얼굴상 (카르나크 대신전-룩소르 동안)

이집트의 유혹

04

만리장성 축성 1800여 년 전에 세워진 거대한 노천박물관들

5천여 년 전부터 약 3천년 동안 나일강 유역에서 찬란하게 핀 고대 이집트 문명의 꽃이 지고 무려 2천여 년이 지났다. 그런데도 고대 이집트가 남긴 문명의 유산이 지금까지 이집트의 곳곳에 남아 있다. 이들 유산이 전 세계 여행자들의 발길을 이집트로 유혹하고 있다. 그리고 일단 이집트에 발을 들여놓고 나면 흠뻑 매료시켜 그들로 하여금 몇 번이고 다시 오게 한다.

이집트의 대표적 유적지로 고대·중세·현대가 어우러져 있고 유명한 이집트 박물관이 있는 이슬람도시 카이로, 신화의 요람 헬리오폴리스, 이집트의 상징인 세 피라미드로 유명한 기자, 세계 최대의 네크로폴리스 사카라, 피라미드 지대의 중심지 옛 왕도 멤피스, 인류 최초의 종교개혁의 무대 아마르나, 부활의 신 오시리스의 성지 아비도스, 사랑의 여신 하트호르의 성지 덴데라, 거대한 신전 유적과 파라오의 암굴무덤의 보고 룩소르, 아름다운 그레코·로만 신

기둥 돋새김

카르나크 대신전의 기둥홀 (룩소르)

전의 에드푸와 콤 옴보, 누비아 유적의 아스완, 태양의 아들 람세스 2세의 땅 아부 심벨, 알렉산더 대왕이 세운 도시 알렉산드리아, 그림문자 히에로글리프의 도시 라시드를 들 수 있다.

이들 주요 유적지에는 웅장한 피라미드, 아름다운 오벨리스크, 장려한 신전, 거대한 신전 기둥, 신비로운 돌새김, 암굴무덤의 화려한 벽화에 이르기까지 고대 이집트 문명의 유산이 숱하게 많이 남아있다. 그리고 많은 온갖 유물들을 전시하고 있는 박물관들이 가는 곳마다 관광객을 기다리고 있다. 이렇게 나일강 주변은 인류문명이 살아 숨 쉬는 거대한 노천 박물관이나 다름없다.

투탕카멘 옥좌의 등받이 장식
옥좌에 앉아 있는 파라오.
투탕카멘에게 향유를 발라주는 왕비 네페르티티.
(이집트 박물관)

이집트에는 현재 유네스코가 지정한 세계문화유산이 일곱 군데 있다. 이슬람 도시 카이로, 카이로 교외 기자에서 다슈르에 이르는 피라미드 지대의 네크로폴리스 유적, 옛 도시 테베의 신전과 암굴무덤 유적, 아스완에서 아부 심벨에 이르는 누비아 유적, 초기 기독교의 성도聖都 아부 메나Abu Mena유적, 모세가 십계명을 계시 받았다는 호레브산의 기슭에 있는 동방교회의 수도원 성 캐더린 유적Saint Catherine Area, 지금은 멸종되었지만, 옛 고래의 화석으로 유명한 이집트 서부사막의 오디 알-히탄Wadi Al-Hitan 일명 고래의 계곡Whale Valley 등이다. 이렇게 세계문화유산을 포함하여 고대 이집트 문명의 유산이 곳곳에 남아있는 이집트에 매년 3백만 명이 넘는 여행객들이 전 세계에서 몰려와서 나일강을 따라 여행한다.

「나일의 물을 마신 사람은 다시 나일로 돌아온다」는 이집트의 속담이 말해주듯이 이집트를 한번 여행한 사람은 꼭 다시 가보고 싶어 한다. 고대 이집트 문명이 남긴 유적과 유물은 보면 볼수록, 알면 알수록 더 매력을 느끼고 더 큰 감동을 받는다. 그 이유는 어디에 있는 것일까?

우선 이집트 여행에서 만나는 유적이나 유물은 그 하나하나가 최소 몇 천 년 넘는 오래된 것들이다. 피라미드만 하더라도 4천 6백년 가까이 되었다. 옛 그리스가 역사에 등장했을 때 피라미드나 대스핑크스는 이미 고대 유적에 속했다. 중국이 자랑하는 만리장성조차도 피라미드가 건조되고 1800년이 지난 뒤에 만들기 시작했다. 거대한 신전을 비롯하여 오벨리스크나 신전 기둥의 돌새김이나 무덤의 벽화까지도 아무리 안 되도 3천년이 넘는다.

고대 이집트 문명의 유산은 오래 되었을 뿐만 아니라 그 규모가 크다. 이집트의 상징인 기자의 대피라미드만 하더라도 그 높이가 147m나 된다. 1889년에 파리에 에펠탑이 서기 전까지는 세계에서 가장 높은 건축물이었다. 또한 룩소르의 카르나크 대신전은 그 길이가 600m나 된다. 현재 전 세계에 남아 있는 신전 유적 중에서 가장 크다.

더욱이 고대 이집트 문명의 유산은 그 수가 헤아릴 수 없을 정도로 많다. 현재 나일강 유역에 남아있는 피라미드를 비롯하여 신전,

거대한 신전 입구 탑문
(람세스 3세 장제전-룩소르 서안)

파라오의 무덤만 하더라도 300개가 훨씬 넘는다. 그리고 일용품·신에게 바친 공물·장제용품·도구·장식품·조각·미술품 따위 지금까지 출토된 유물이 2백만 점이 훨씬 넘는다. 그런데도 아직 사막의 모래 속이나 나일강 유역의 진흙 속에 묻혀 있는 유물이 많아 지금도 곳곳에서 발굴 작업이 진행되고 있다. 지금까지 발굴된 유물 중 1백만 점이 넘는 유물들이 카이로의 이집트 박물관, 룩소르의 룩소르 박물관, 아스완의 누비아 박물관, 알렉산드리아의 그레코·로만 박물관을 비롯하여 전국 곳곳에 자리한 박물관에서 전시되고 있다. 나머지 1백만 점 가까운 유물들은 런던의 대영 박물관, 파리의 루브르 박물관, 뉴욕의 메트로폴리탄 미술관, 베를린의 이집트 박물관. 로마의 이집트 박물관 따위 세계 유명 박물관에서 전시하고 있다.

일부 국가에서는 오벨리스크를 비롯하여 신전까지 옮겨다 놓았다. 타페 신전은 네덜란드의 라이덴 박물관, 덴두르 신전은 뉴욕의 메트로폴리탄 미술관, 다보드 신전은 마드리드의 오에스테 공원, 엘레시야 신전은 이탈리아 토리노의 이집트 박물관에 기증되어 현재 그곳에 서 있다. 누비아 지역에 있던 신전으로 아스완 하이 댐으로 인한 수몰을 피해 옮겨다 놓은 것이다. 고대 이집트 문명의 유산은 이집트에 가지 않더라도 볼 수 있는 것이 또 하나의 매력이다.

고대 이집트 문명의 유산에는 문자기록이 남아있다. 문자는 문명의 기본요소이다. 고대 이집트인들은 5천년 이전에 이미 그들 고유의 그림문자 히에로글리프를 만들어 사용했다. 이 문자를 사용하여 신전의 기둥이나 무덤의 벽화나 파피루스 종이에 그들의 역사와 문화와 생활의 지혜를 기록하여 남겼다. 근세에 와서 신비에 쌓여있던 이 그림문자를 해독하게 되어 고대 이집트의 역사와 문명을 더 깊이 알 수 있게 되었다. 이것이 고대 이집트 문명을 더욱 값지게 만들어주고 있다.

더욱 중요한 것은 최소 몇 천 년이 넘는 오래된 유적과 유물들이 잘 보존되어 있다는 점이다. 세계적으로 나일강 주변만큼 잘 보존된 유적을 갖고 있는 곳도 드물다. 이집트에는 거의 백년에 한 번 정도 큰 지진이 있었다. 그런데도 피라미드나 대스핑크스나 아부심벨의 대신전 같은 거대한 기념건축물이 그대로 남아 있다. 고대 이집트인들의 건축기술이 우수하기도 했지만, 비가 오지 않는 건조한 사막기후와 모래가 유적의 보존을 도와주었다. 좋은 예가 기자의 대피라미드에 대해서 많은 기록을 남긴 헤로도토스가 바로 그 곁에 있는 대스핑크스에 대해서 아무런 기록을 남기지 않았다. 모래에 묻혀있었기 때문에 그가 아예 보지 못했던 것이다. 18세기 말, 나폴레옹이 이집트를 침공했을 때만 해도 대스핑크스는 모래에 묻혀 머리 부분만 보였다. 지금처럼 전체 모습을 볼 수 있게 된 것은 19세기 초에 이르러서였다. 몇 천 년이 지났는데도 무덤이나 신전의 벽화나 돋새김이 채색된 채로 선명하게 남아 있을 정도로 잘 보존되어 있는 것이 놀랍기만 하다. 더욱 놀라운 것은 이집트는 세계에서 가장 오래된 관광지였다는 사실이다. 문명의 선구자로 자부하고 있던 그리스인들이나 로마인들이 기원전부터 이집트를 관광했고 많은 것을 배워갔다.

이집트 여행을 해보면 고대 이집트 문명이 인류문명의 뿌리라는 것을 새삼 느끼게 된다. 그리스·로마·헬레니즘·비잔틴 문명, 그리고 사라센 문명, 그리스도교 문명, 서구문명에 이르기까지 그 바닥에는 고대 이집트 문명이 깔려있음을 알 수 있다. 서구문명은 그리스도교 문명의 이해 없이는 알기 어렵고 고대 이집트 문명의 이해 없이는 서구문명이나 그리스도교 문명을 이해하기 어렵다. 이것이 고대 이집트 문명이 「인류문명의 뿌리」라고 일컬어지는 까닭이다.

매 모습의 신 호루스 조각상 (호루스 대신전-에드푸)

신들 호루스 대신전의 외벽 돋새김(에드푸)

LAND OF GODS

II. 신들의 나라 신화의 고향

고대이집트의 신들 람세스 3세 장제전(룩소르 서안)

고대 이집트 신들의 요람 05

삼라만상 모두가 그들에게는 신이었다. 풍뎅이까지도…

이집트 여행은 고대 이집트의 신전유적의 여행이며 그것은 곧 신들과 신화의 여행이다. 고대 이집트에는 2천이 훨씬 넘는 많은 신들이 있었다. 고대 이집트인들은 태양·달·별 같은 천체, 하늘·땅·나일강 같은 자연, 그리고 매·악어·황소 같은 동물 따위 삼라만상에서 불가사의한 신성神性을 인정하고 이를 신성시하여 모두 신으로 섬겼다. 가장 오래된 종교문서인 「피라미드 텍스트[12]」에만 2백이 넘는 신들이 등장한다. 매일 해가 동에서 뜨고 서로 지고, 계절이 되면 식물이 싹 트고 자라서 꽃 피고 열매 맺고, 해마다 나일강이 범람하여 풍년을 가져다주고, 심지어는 사람이 죽고 사는 것까지도 그들은 신의 뜻으로 이루어진다고 믿었다. 태양신 라의 신앙의 중심지 헬리오폴리스를 비롯하여 창조신 프타

지혜의 신 토토

12) 피라미드 내부 벽에 새겨져 있는 고대 이집트의 가장 오래된 장제문서. 죽은 자의 영생과 부활을 위한 주문집.

태양신 라
고대 이집트의 신들의 우두머리.
(무덤벽화-룩소르 서안)

의 멤피스, 한 때 유일신으로 숭배된 태양신 아텐의 아마르나, 지혜의 신 토트의 헤르모폴리스, 죽음과 부활의 신 오시리스의 아비도스, 사랑과 출산의 여신 하트호르의 덴데라, 국가 최고신 아멘의 룩소르, 인간을 창조한 신 크눔의 에스나, 왕권 수호신 호루스의 에드푸, 파라오의 수호신 이시스의 필레 섬 따위에 이르기까지, 이들 고대 이집트의 종교 중심지에는 이집트 전역에서 숭배된 주신主神이 있었다. 그리고 주신을 모신 신전과 이를 뒷받침하는 신화가 있었다. 각 지방에는 그 지방의 수호신과 신전이 따로 있었다. 그곳에는 지금도 신전유적들이 남아 있다. 그야말로 고대 이집트는 「신

아멘-라
신왕국 최고신.
(아멘 대신전-룩소르)

들의 땅」이었다. 그래서 고대 이집트인들은 자기들의 나라를 「신들의 나라」라고 불렀다.

고대 이집트의 신들은 희로애락의 감정을 가진 인간의 몸에 신 본래의 특성을 상징하는 동물의 머리를 가진 모습으로 표현되었다. 예컨대 사람의 몸에 지혜의 신 토트는 따오기의 머리, 죽은 자의 수호 신 아누비스는 자칼산개의 머리, 창조신 크눔은 다산 동물인 숫양의 머리, 태양신 라는 매의 머리를 가진 모습으로 표현되었다. 하지만 그 중에는 창조신 프타나 죽음·부활의 신 오시리스처럼 몸도 머리도 사람의 모습으로 표현된 신도 있었다. 신관들은 신을 상

고대 이집트의 신들

눈Noun : 원시상태의 혼돈의 바다.
아툼Atum : 창조신. 최초의 신.

슈Shou : 대기의 신.
테프누트Tefnut : 습기의 신.
게브Geb : 대지의 신.
누트Nut : 하늘의 여신.

세트Seth : 악의 신.
오시리스Osiris : 부활의 신.
이시스Isis : 어머니 여신.
호루스Horus : 왕권 수호 신.

토트Thoth : 지혜의 신.
하트호르Hathor : 사랑의 여신.
마아트Ma-at : **진실의 신**

아텐Aten : 태양빛의 신.
아멘Amen : 테베의 수호신.
크눔Khnum : 인간 창조신.
라Ra : 태양의 신.

징하는 성스러운 동물들을 신수神獸로서 신전에서 길렀다. 물의 신의 상징 악어는 크로코딜로폴리스, 토트 신의 상징 따오기는 헤르모폴리스, 사랑의 여신의 상징 고양이는 부바스티, 창조신 프타의 상징 황소는 멤피스에 있는 신전의 연못에서 길렀다. 그리고 신수들은 죽으면 사람처럼 미라를 만들어 무덤에 안치되었다. 대표적인 것이 사카라의 세라페움이다. 이곳은 멤피스의 신전에서 기른 창조신 프타의 신우神牛 아피스의 미라를 안치했던 무덤으로 유명하다.

고대 이집트에는 많은 신들이 있었지만, 그 우두머리는 태양신이었다. 고대 이집트인들은 날마다 서로 졌다가 다음날 아침에 동에서 떠오르는 태양을 죽었다가 재생하는 부활의 상징으로 여겼다. 더욱이 태양은 만물을 자라게 하는 생명의 원천으로 믿고 태양신을 모든 신들의 으뜸으로 섬겼다.

태양신은 그 역할에 따라 여러 얼굴을 가졌다. 해가 뜰 때의 아침 태양은 갓 태어난 어린 태양신으로 케프리Khepri라고 불리었으며 재생·부활의 역할을 했다. 중천에 떠있는 낮의 태양은 성인이 된 태양신으로 라Ra라고 불리었으며 천지를 다스리는 역할을 했다. 해질 무렵의 태양은 서쪽 지평선을 향해 걸어가는 늙은 태양신으로 아툼Atum이라고 불리었으며 천지창조의 역할을 했다. 케프리와 아툼은 태양신 라의 화신이었다. 태양신 라는 아멘-라Amen-Ra처럼 다른 신과 융합하여 국가 최고신이 되기도 했다.

흥미로운 것은 고대 이집트인들이 스카라베Scarab: 풍뎅이를 태양신으로 섬긴 것이다. 나일강이 범람했다가 물이 빠지면 제일 먼저 땅에 나타나 동물의 배설물을 공처럼 뭉쳐서 굴리고 가는 것이 스

태양신 케프리

태양신의 화신 스카라베.
(카르나크 대신전-룩소르)

카라베였다. 그들은 이 스카라베를 태양을 운반하는 「태양신의 사자」라고 믿었다. 그래서 스카라베를 태양신으로 모셨다. 룩소르의 카르나크 신전에 가면 성스러운 연못가에 큰 스카라베의 돌조각을 볼 수 있으며 고대 이집트인들은 스카라베를 부적으로도 많이 사용했다.

태양신 라 돋새김 (세티 1세 신전-아비도스)

아툼의 천지창조신화

06

태초에는 어둠에 싸인 혼돈의 바다만 있었다

고대 이집트에는 신도 많았지만, 신화도 많았다. 대표적인 신화로 헬리오폴리스Heliopolis의 천지창조 신화, 엘레판티네 섬의 인간창조 신화, 아비도스의 오시리스 부활 신화 그리고 장제문서에 나오는 내세신화를 들 수 있다. 그 밖에 헤르모폴리스와 멤피스의 천지창조 신화도 유명하다. 대표적 신화인 헬리오폴리스의 창조신화에 따르면 천지는 이렇게 창조되었다.

신 호루스
왕권 수호신

태초 이 세상에는 아무 것도 없었다. 하늘도, 땅도, 빛도, 그리고 형태도 없었다. 오직 어둠에 싸여 있는 무질서한 혼돈의 바다만 있었다. 그리스 신화에서 천지가 창조되기 전의 상태인 카오스Chaos나 성서 구약의 창세기에서 신이 천지를 창조하기 전의 상태와 같았다. 눈Nun이라고 불린 이 태초의 바다에서 스스로의 힘으로 태양신 아툼Atum이 태어났다. 아툼은 이중 왕관을 쓴 사람의 모습으로 표현되었다. 아툼은 혼돈의 바다에서 나와 제일 먼저 어

원초의 바다 눈

혼돈의 바다에서 갓 태어난 태양을 얹은 배를 들어 올리고 있는 눈. (대영 박물관)

두운 세상을 태양의 빛으로 밝힌 다음에 머무를 언덕을 만들었다. 벤벤Benben이라고 불리는 피라미드 모양의 이 언덕이 이 세상에 생긴 최초의 땅이었다. 이 언덕에서 아툼은 불사조 베누Bennu bird의 도움을 받아 천지를 창조했다.

아툼은 남성이지만 그의 손은 여성이었다. 남녀양성을 지닌 그는 자위를 하여 대기의 신 슈Shou와 물의 여신 테프누트Tefnut의 쌍둥이 남매를 만들었다. 이들 남매는 결혼하여 최초의 부부가 되었고 그 사이에서 태어난 것이 땅의 신 게브Geb와 하늘의 여신 누트Nut였다. 일반적으로 신화의 세계에서 땅은 여신이고 하늘은 남신이다. 그런데 고대 이집트 신화에서는 반대로 하늘이 여신이고 땅이 남신이었다.

아툼의 천지창조는 매우 순조로웠다. 그런데 뜻밖에도 게브와 누트가 이를 방해했다. 사이가 너무 좋았던 이들 남매부부는 밤낮을 가리지 않고 항상 붙어있었다. 떨어져 있어야 할 하늘과 땅이 항상 붙어있다 보니 태양이나 달이 지나 다닐 수 없었고 공기나 물이 있을 곳이 없었다. 이를 못마땅하게 여긴 아툼은 그들의 아버지 슈를 시켜 게브와 누트를 영원히 떼어놓게 했다. 슈는 양팔로 누트를 들어 올려 머리 위에 얹고 게브는 발로 밟아서 그의 다리 밑에 누워있게 하여 두 부부를 영원히 갈라놓았다. 이렇게 해서 위로는 하늘이 생기고 아래로는 땅이 생겼다. 그제야 그 사이를 태양과 달이 지나다니면서 밤낮으로 천지를 비췄고 공기와 물이 흐르면서 모든 생물이 자랐다. 이렇게 천지가 창조되었다.

그러나 게브와 누트는 몸은 떨어졌으나 손은 끝까지 놓지 않았다. 이때부터 하늘은 둥글어졌고 그 끝이 땅과 닿은 지평선이 생겼다. 게브의 분노가 솟구쳐 산과 바위가 되었고 누트의 눈물이 고여서 강과 바다가 되었다. 이때 이미 누트는 게브의 다섯 아이를 잉태하고 있었다.

창조신 아툼
이중왕관을 쓴 헬리오폴리스의 창조신. (룩소르 박물관)

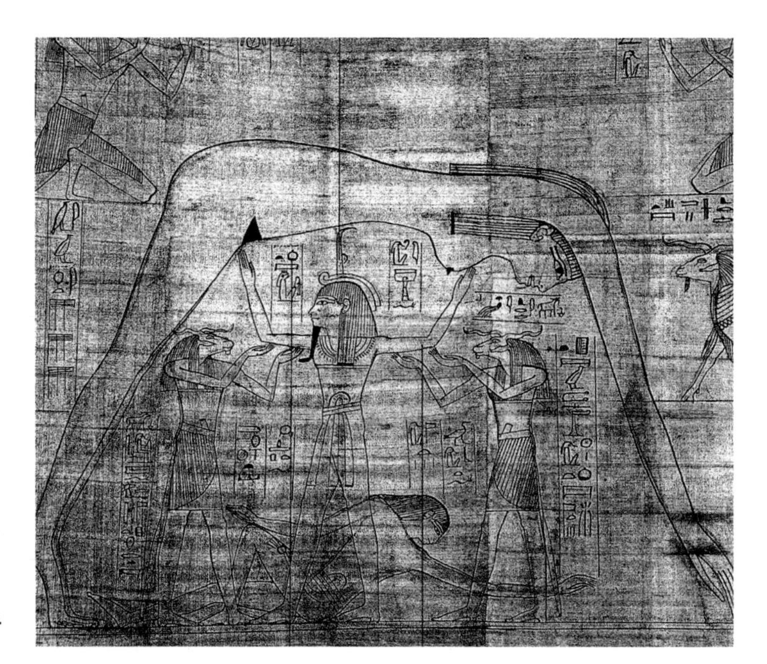

하늘과 땅의 창조
대기의 신 슈가 하늘의 신 누트와 땅의 신 게브를 갈라놓아 천지를 창조했을 때를 나타낸 벽화.

이 사실을 안 아툼은 더욱 못마땅하게 여겨 1년 360일 중 어느 날에도 누트가 아이를 낳지 못하게 해버렸다. 이를 가엽게 여긴 지혜의 신 토트는 시간을 관리하는 달의 신과 내기를 해서 이겨 달로부터 닷새를 따냈다. 이때부터 1년이 365일이 되었고 누트는 아툼과 관계가 없는 닷새를 이용하여 다섯 남매를 낳았다. 이들 남매가 후에 왕권 다툼을 한 신 오시리스Osiris와 세트Seth, 여동생이면서 그들의 아내인 여신 이시스Isis와 네프티스Nepthys, 그리고 자라는 도중에 없어진 늙은 호루스 하로에리스Haroeris였다. 오시리스와 이시스 사이에서 태어난 것이 후에 지상의 신왕이 된 호루스Horus였다.

헬리오폴리스의 천지창조 신화는 이렇게 끝난다. 천지를 창조한 아툼·슈·테프누트·게브·누트의 다섯 신과 천지를 다스린 오시리

여신 이시스와 아들 호루스
(이시스 신전-아스완 필레 섬)

스·이시스·세트·네프티스의 네 신이 고대 이집트 전역에서 숭배된 헬리오폴리스의 신성한 아홉 신Divined Ennead이다. 아툼이 그 우두머리였다. 원시신 눈은 원시 상태의 바다로 있었을 뿐 천지창조에 아무런 역할도 하지 않았다. 그러기 때문에 그를 신앙하는 사람도 없었고 그를 모신 신전도 없었다. 다만 모든 신전에 있는 성스러운 연못이 눈을 상징하고 있을 뿐이다.

인간 창조신 크눔 (세티 1세 신전-아비도스)

크눔의 인간창조신화

07

구약성서 3천년전에 흙을 빚어 인간을 만들어

천지가 창조된 다음에 태양신 라는 그곳에 살 인간을 창조했다. 성서 구약에도 신이 흙을 빚어 인간을 만들었다는 신화가 있다. 그보다 3천여 년 전에 이미 고대 이집트에는 나일의 진흙을 빚어 인간을 창조했다는 신화가 있었다. 그리고 노아의 방주 이야기처럼 신의 노여움을 사서 신이 인간을 말살하려 했던 신화도 있었다. 이 신화에 따르면 인간은 이렇게 창조되었고 그리고 말살될 뻔했다.

태양신 라
창조한 인간을 말살하려다 그만둠.
(호루스 대신전-에드푸)

인간을 창조한 것은 뿔이 달린 숫양의 머리를 가진 창조신 크눔Khnum이었다. 크눔은 인간을 창조하라는 태양신 라의 지시를 받고 궁리 끝에 도자기를 만드는 굴림판 위에서 나일의 진흙을 반죽해서 태양신을 닮은 모습으로 인간을 빚었다. 그는 그 위를 색칠하여 예쁘게 단장한 다음에 생명을 불어 넣어 인간을 만들었다. 그러나 인간을 한 사람 한 사람씩 만들다 보니 시간도 많이 걸리고 지

인간창조 모습

도자기만드는 굴림대 위에서 인간을 말들고 있음. (룩소르 신전 탄생의 집)

루해지자 크눔은 여자를 만들면서 몸속에 자동으로 인간을 만들어 내는 특수 장치를 고안해 달았다. 이때부터 여자에게서 인간이 태어나게 되었다.

이렇게 창조된 인간들은 지상 곧 이집트에서 신들과 함께 살았다. 인간들은 신들을 정성껏 섬겼고 평온하고 행복한 삶을 누렸다. 신들은 모두 인간처럼 육체를 가진 인간의 모습을 하고 있었다. 육체를 가진 이상 신들도 나이가 들면서 인간처럼 나약해지고 그 모습이 추해질 수밖에 없었다. 그러자 인간들은 노쇠한 신들을 비웃고 멸시했다. 더욱 사악해진 인간은 아예 신들을 지상에서 몰아내려고 했다.

이를 알게 된 태양신 라는 인간을 창조한 것을 크게 후회하고 곧 바로 하늘에서 신들의 회의를 열고 인간을 말살하기로 결정했다. 태양신 라는 자기의 오른쪽 눈을 파내어 파괴의 여신 세크메트Sekhmet를 만들고 여신에게 인간에 대한 증오심을 불어넣었다. 처음부터 인간을 말살하기 위해 태어난 세크메트는 지상으로 내려가 날카로운 이빨과 긴 손톱으로 인간을 죽여 나갔다. 여신의 인간 사냥으로 지상은 온통 피바다가 되었다.

인간이 전멸될 위기에 놓이게 되자 신들이 태양신 라에게 인간을 모두 죽이고 나면 신을 섬길 사람이 없어지므로 인간 말살 계획을 중단하도록 간청을 했다. 그렇지 않아도 태양신 라는 너무 잔

인하게 인간을 죽이는 세크메트를 걱정하고 있었다. 그는 고민 끝에 마음을 바꾸어 인간을 더 죽이지 않기로 결심했다. 그는 바로 지혜의 신 토트의 도움을 받아 여신이 잠든 사이에 피같이 보이게 맥주에 붉은 대추야자 나무의 열매를 갈아 섞어서 지상에 뿌렸다. 다음날 자고 일어난 여신은 지상에 뿌려진 붉은 맥주가 이집트인들이 모두 죽어서 흘린 피로 알고 더 죽일 인간이 없다고 생각하고 하늘로 돌아갔다. 그 때 살아남은 이집트인들 때문에 인간은 지상에서 계속 살 수 있게 되었다.

그 후 태양신 라는 지상에서 인간을 다스리는데 싫증을 느끼고 하늘로 돌아갔다. 그를 따라 다른 신들도 하나 둘씩 하늘로 돌아가 별이 되어 태양신과 함께 하늘에서 살았다. 이리하여 하늘과 땅, 신들과 인간이 분리된 지금과 같은 세계가 시작되었다.

여신 세크메트
암 사자의 머리를 가진 파괴의 여신.
(람세스 3세 장제전-룩소르)

인간창조 신화는 이렇게 끝난다. 이 신화는 신왕국의 세티 1세와 람세스 2세의 무덤에 고대 이집트의 그림문자 히에로글리프로 새겨져 있다. 룩소르 신전의 탄생의 집 벽화에 크눔 신이 진흙을 빚어 인간을 만드는 장면이 돋을새김 되어 있다. 에스나의 크눔 신전에도 굴림판 위에서 인간을 만들고 있는 크눔의 모습을 새긴 돋새김이 있다. 신의 인간창조, 신의 분노, 인간 말살 계획, 일부 인간만 살아남는다는 성서 구약의 노아 방주의 이야기와 고대 이집트의 크눔 신화가 흡사한 것이 매우 흥미롭다.

명계의 지배자 신 오시리스(세티 1세 신전-아비도스)

오시리스의 부활신화

08

처녀 잉태와 죽은 사람의 부활 그리고 영생

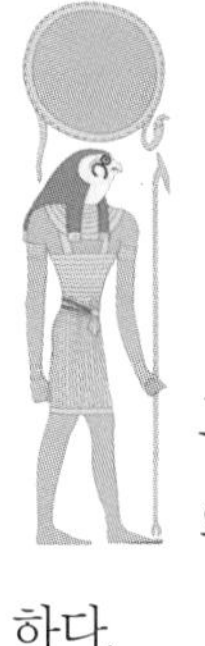

고대 이집트 신화 중에서 가장 유명한 신화가 오시리 스의 재생·부활 신화이다. 이 신화에 따르면 이야기는 이러하다.

「신의 시대」의 최초의 신왕은 태양신 라였다. 신들과 인간들이 지상에서 함께 살았던 이 시대의 이집트는 지상의 천국이었다. 그러나 태양신 라는 인간을 말살하려했던 대소동이 있은 뒤, 왕위를 대기의 신 슈에게 물려주고 하늘로 돌아갔다. 슈에 이어 왕위는 땅의 신 게브를 거쳐 신 오시리스가 이어 받았다.

신 오시리스 모습의 파라
(카르나크 대신전-룩소르)

오시리스의 옛 이름은「착한 존재」라는 뜻의 우시르 Usire 였다. 그는 게브와 누트 사이에서 태어난 다섯 남매 중 장남이었다. 오시리스는 누이동생 이시스, 동생 세트는 막내 여동생 네프티스와 결혼을 하여 남매부부가 되었다. 오시리스는 흰 옷을 입은 죽은 자의 몸에 머리는 상 이집트의 흰 왕관과 마아트의 깃털로 장식한 왕관을 합쳐서 만든 이중 왕관 아테프Atef를 썼다. 그리고 손에는 통치권을 상징하는 갈고리와 도리깨를 들고 있는 모습으로 표현되었다.

그는 이집트를 훌륭하게 다스렸다. 인간에게 농사를 짓고 가축을 기르고 빵과 맥주를 만드는 방법을 가르쳤다. 그는 고대 이집트인들로부터 크게 존경을 받았다. 그러나 왕위를 탐낸 동생 세트는 음모를 꾸며 오시리스를 살해하고 유해를 나일강에 버렸다. 슬픔에 잠긴 그의 아내 이시스는 유해를 찾아 헤매다가 시리아에서 찾아 이집트로 가져왔다.

이 사실을 안 세트는 오시리스의 시신을 다시 빼앗아 열네 토막을 내어 전국 곳곳에 버렸다. 이시스는 다시 방방곡곡을 돌아다니면서 그의 유해 조각을 모았다. 이때 물고기가 삼켜버린 성기는 찾지 못했다. 이시스는 신 아누비스Anubis의 도움을 받아 오시리스의 유해를 미라로 만들고 토트 신의 도움을 받아 주술로 미라가 된 오시리스를 부활시켰다. 이때 이시스는 오시리스의 아이를 가졌다. 이시스는 나일강의 습지에서 아들 호루스를 낳았다.

성장한 호루스는 아버지의 원수인 세트와 싸워 이겨 지상의 왕이 되었다. 이시스가 성기 없이 오시리스에게 생명을 불어넣어 부활시켰다는 사실을 알고 있던 세트는 신들의 회의에 호루스는 왕이 될 수 없다고 반론을 제기했다. 그러나 신들은 직접 성행위가 없어도 이시스는 오시리스의 아이를 가질 수 있다고 결론을 내렸다. 그리하여 호루스는 지상의 왕이 되고 오시리스는 명계의 지배자가 되었다. 오시리스의 머리가 발견된 아비도스는 신 오시리스의 성지가 되었다.

이집트의 신들
(세티 1세 신전-아비도스)

오시리스 신화는 인간적인 냄새가 물씬 나는 것이 마치 인간 세계에서 일어난 이야기 같다. 이것이 이집트 신화의 특징이기도 하다. 이 신화는 처녀 잉태, 죽은 자의 부활, 내세에서의 영생 등 몇천 년 후에 탄생한 일신교인 유대교와 그리스도교에 많은 영향을 미친 것으로 보고 있다. 이 오시리스 신화는 『플루타크 영웅전』을 쓴 그리스의 플루타르코스〈Plutarchos: 46~120〉의 수필집 『모랄리아Moralia』에서 상세히 전하고 있다.

이시스와 호루스 (이시스 신전-아스완 필레 섬)

부활·영생의 내세신화

09

영혼과 육체의 재결합은 어떻게 가능한가

고대 이집트인들도 역시 죽음을 두려워했다. 그러면서도 죽음을 피하려고 하지 않았다. 그들은 이 세상에서 죽더라도 재생·부활하여 내세에서 영생을 한다고 믿었기 때문이다. 사람이 죽으면 육체는 없어지지만, 혼魂과 정령精靈은 죽지 않고 영원히 산다고 믿었다. 그들의 이러한 사생관이 죽음의 두려움에서 벗어나게 해줬다.

생명의 열쇠 앙크

고대 이집트인들의 사생관에 따르면 현세는 내세에 가기 전에 잠시 머무는 곳이었다. 그들에게는 죽어서 가게 될 내세가 영원한 삶을 누리는 곳이었다. 5천 년 전 당시 이집트인들의 평균수명이 겨우 25살 밖에 안되었던 것을 생각하면 잠시 머물다 간다는 그들의 사생관이 이해가 될 법도 하다. 그래서 고대 이집트인들은 현세보다 사후의 세계를 더 중요하게 여겼다.

중왕국시대 목관

관에 그림문자로 주문을 새겨 놓았음. (누비아 박물관-아스완)

『사자의 책[13] Book of the Dead』을 비롯하여 여러 장제문서에 죽은 자의 재생·부활을 바라는 고대 이집트인들의 사생 관을 담은 이야기가 신화처럼 전해오고 있다.

창조신 크눔이 인간을 창조할 때 인간을 세 요소로 만들었다. 하나는 육체이고 나머지 둘은 바Ba와 카Ka라고 불리는 영혼이다. 바는 육체를 움직이는 생명력으로 육체가 죽어도 죽지 않고 살아있는 초자연적인 존재 즉 혼魂이라고 할 수 있다. 카는 육체를 영적으로 복사한 인간의 본질적 존재 즉 정령精靈으로 인격이라고 할 수

13) 고대 이집트 왕조의 대표적 장제문서. 신왕국시대에 파피루스 두루마리에 죽은 자가 내세에서 무사히 영생하도록 기원하는 주문서. 원래의 명칭은 "태양 아래로 나오게 하는 책"이라고 불리었음. 고대 이집트의 중요한 장제문서의 하나.

있다. 바는 일생동안 변하지 않지만, 카는 어릴 때는 어린 아이 모습이었던 것이 자라서 성인이 되면 어른의 모습으로 변했다. 바는 사람의 턱에 수염이 난 얼굴을 가진 새로 표현되었고 카는 두 팔을 반쯤 올리고 있는 사람 모습으로 표현되었다.

고대 이집트인들은 사람이 죽는다는 것은 늘 그림자처럼 함께 있던 카와 바가 육체에서 떠나가는 것이라고 믿었다. 죽은 사람이 부활한다는 것은 떠나간 카와 바가 돌아와서 미라가 되어 있는 육체와 다시 결합하는 것이라고 믿었다. 그래서 사람이 죽으면 카와 바가 돌아올 수 있도록 육체는 미라를 만들어 잘 보존하고 죽은 사람의 집인 무덤을 만들어 그곳에 잘 모셨다.

카는 이 세상에 남아서 무덤 주변에서 맴돌면서 죽은 자의 유해를 지켰다. 바는 이 세상과 저 세상을 드나들면서 죽은 자가 내세에 가는데 필요한 절차를 밟았다. 카와 바가 다시 돌아오도록 무덤에 갖가지 부장품을 넣어두고 굶어 죽지 않도록 온갖 음식을 바쳤다. 뿐만 아니라 육체를 떠나간 바나 카가 쉽게 찾아 올 수 있도록 관에 죽은 사람의 얼굴을 그려 놓았다. 그리고 찾기 쉽도록 미라에는 죽은 사람의 얼굴 모습의 마스크를 씌웠다. 대표적인 것이 유명한 투탕카멘의 황금마스크이다. 그리고 무덤이 파괴되어 없어질 경우에 대비하여 무덤 앞에 죽은 사람의 모습을 한 카 상을 세워 두기도 했다.

카를 찾아서 돌아오게 하는데 죽은 미라는 움직일 수 없으므로 대신에 자유로이 돌아다닐 수 있는 바가 낮에는 미라가 된 육체를 떠났다가 밤이 되면 다시 돌아왔다. 그러다가 바가 카를 찾아 미라

오시리스의 심판

명계의 지배자 오시리스 앞에서 정의의 저울에 죽은 자의 심장을 달아 심판을 받고 있는 장면. (사자의 책)

가 된 육체와 다시 결합하면 죽은 자는 부활하여 아크Akh라고 불리는 영원히 죽지 않는 존재가 되어 내세에 가서 영생을 할 수 있게 되었다.

그런데 누구나 재생·부활하여 내세에 갈 수 있는 것이 아니었다. 사람이 죽는 순간 육체를 떠나간 바는 오시리스 신이 지배하는 명계에서 최후의 심판을 받았다. 심판은 명계의 지배자인 오시리스가 주관하는 법정에서 열렸다. 먼저 죽은 사람이 내세에 갈 자격이 있는 지를 판정하는 「죄의 부정고백negative confessions」이라고 불린 예비심판을 받았다. 이것은 42명의 신 앞에서 죽은 자가 생전에 살인, 폭행, 절도, 강간, 거짓말과 같은 42가지 죄를 범하지 않았다는 것을 스스로 고백하는 일종의 자기변호였다.

「죄의 부정고백」이 끝나면, 그것이 진실한 지를 판단하기 위해 「오시리스의 심판」이라고 불린 정의의 저울에 죽은 자의 심장의 무게 달기 심판이 열렸다. 이것은 내세에 들어갈 자격을 심사하는 심판이었다. 저울의 왼쪽에 죽은 자의 심장을 얹고 오른쪽에 진리의 여신 마아트Ma-at의 진실의 하얀 깃털을 얹어서 그 무게를 달았다. 만일 죽은 자가 「죄의 부정고백」에서 거짓말을 하지 않았다면 저울이 수평을 유지했다. 그러면 죽은 자는 부활의 신 오시리스로부터 내세로 가는 생명의 열쇠 앙크Ankh를 받아 내세에 가서 영생을 하게 됐다. 거짓말을 했을 때는 저울이 기울어지면서 심장이 아래로 떨어졌다. 그러면 그 밑에서 굶주리고 있던 머리는 악어, 몸은 사자, 다리는 하마의 모습을 한 명계의 괴수 아미트Ammit가 심장을 먹어

이아루의 평원

오시리스가 지배하는 명계에 있는 평원으로 물과 먹을 것이 풍부한 내세의 낙원, 세네젬의 무덤 벽화. (룩소르 서안)

버렸다. 함께 와있던 죽은 자의 혼인 바도 소멸해버리면서 영원한 죽음을 맞아 다시는 부활할 수 없게 됐다. 심판의 기준이 된 것이 마아트라는 진실이었다. 인간이 죽어서 내세에 가서 영생을 하기 위해서는 살아 있는 동안 마아트의 진리에 맞는 성실한 생활을 해야 했다. 다만 죽은 사람이 부활한다는 것은 이 세상으로 다시 돌아오는 것이 아니고 영원한 삶이 보장되어 있는 하늘에 있는 내세에 영혼이 가서 영생을 하는 것이다. 무슬림들에게 있어서 코란처럼 마아트는 고대 이집트인들의 삶의 기준이며 생활의 지침이었다.

내세 신화에 따르면 고대 이집트인들이 생각한 내세는 현세와 다른 세계가 아니고 현세가 연장된 세계였다. 내세는 고대 이집트어로 세케트 이아르lalu라고 불리었다. 「갈대의 들Fields of Reeds」이라는 뜻이다. 이곳은 오시리스가 지배하는 물과 곡식이 풍부한 땅으로 죽은 후에 신과 함께 살게 될 내세 즉 낙원이었다. 이곳에 죽은 사람이 현세에서 가장 좋았던 때의 모든 것이 마련되어 있어 죽은 자는 현세에서와 똑같은 생활환경에서 영생을 할 수 있다고 믿었던 것이다.

무덤에 미라와 함께 묻은 「사자의 책」 등 여러 장제문서에는 모두 죽은 사람이 부활하여 아크가 되어 내세에서 영생을 할 수 있도록 해달라는 내용이 담겨 있다. 무덤에 유해와 함께 묻는 여러 가지 부장물들도 모두 아크가 안전하게 내세로 갈 수 있도록 하기 위한 것이었다. 무덤의 벽화에 많은 제물이 그려져 있고 장제문을 발췌하여 히에로글리프나 그림으로 새겨놓았다. 고대 이집트인들은 마력의 힘으로 이것이 제물을 제공한 것이나 장제문을 읽은 것과 같은 효과가 있다고 믿었기 때문이다.

고대 이집트의 신화는 어떻게 천지와 인간이 창조됐고 살아있는 신 파라오의 신왕사상이 어떻게 생겨났으며 죽은 자가 부활하여 내세에서 영생하는 사생관이 어떻게 확립됐는지를 잘 설명해주고 있다. 오천년 전에 있었던 고대 이집트 신화는 그리스나 로마 신화 나아가서는 기독교의 창세신화에까지 영향을 미친 것으로 보고 있다. 고대 이집트 신화는 「인류신화의 뿌리」이며 헬리오폴리스는 「인류신화의 고향」이라고 할 수 있다.※

무함마드 알리 모스크

CAIRO

Ⅲ. 승리자의 도시 카이로

무함마드 알리 모스크 (모카담 언덕의 성채 시타델)

이슬람 도시 카이로

10

동서무역의 길목, 이슬람 세계의 중심지

인천 국제공항을 떠난 대한항공의 카이로 직행 여객기는 푸른 초원의 몽골과 만년설이 하얗게 덮인 알타이산맥을 지나 서로 비행을 계속 하다가 카스피 해 부근에서 남서로 방향을 바꾸어 내려간다. 12시간 남짓 비행 끝에 여객기는 지중해를 건너 아프리카 대륙으로 들어서면서 바로 사막에 자리한 카이로 국제공항에 내린다. 세계적인 관광지인데도 공항시설이 낡고 허술하다. 공항 안팎에 흰 유니폼을 입고 자동단총으로 무장한 관광경찰들의 경비가 삼엄하다. 이집트에서는 외국관광객의 안전을 위해 공항뿐만 아니라 주요 관광지, 심지어는 호텔까지도 관광경찰이 배치되어 있다. 공항을 떠나면서 공항광장에 서 있는 람세스 2세의 오벨리스크를 만난다. 고대 이집트 문명과의 첫 만남이다. 일반적으로 이집트 여행은 수도 카이로에서 시작된다. 카이로는 이슬람 군이 이집트를 정복하면서 세운 「승리자의 도시」이다.

람세스 2세 오벨리스크
(카이로 공항 광장)

2천 년의 역사를 가진 유서 깊은 고도古都인데도 카이로는 이집트의 다른 도시에 비하면 그 역사가 짧다.

카이로가 역사에 처음 등장한 것은 1세기 끝 무렵, 로마군이 지금의 올드 카이로에 바빌론 성Fort Babylon을 구축하면서였다. 이렇게 시작된 카이로는 7세기 중반, 이집트를 점령한 이슬람 군의 장군 아므르 빈 알라스Amr Bin Alas가 바빌론 성 근처에 군영도시軍營都市 푸스타트Misr al-Fustat를 새로 세워 이집트 통치의 거점으로 삼으면서 수도가 되었다. 약 1천년 동안 그레코·로만 시대의 수도였던 알렉산드리아에서 이곳으로 수도를 옮긴 것은 바다를 끼고 수도를 두지 않는다는 이슬람 군의 점령원칙 때문이었다.

그 뒤 10세기 말, 파티마 왕조[14]〈909~1171〉는 푸스타트 북동 3㎞에 새로운 수도를 건설하고 미스르 알 카히라Misr Al-Qahirah라고 이름지었다. 아랍어로 「승리자의 도시」라는 뜻이다. 이것이 이탈리아어로 「카이로」라고 불리게 되었다. 이어서 12세기 아이유부 왕조〈1171~1250〉시대에 반 십자군의 영웅 살라딘[15]〈Salah al-Din: 1138~1193〉이 카히라의 남부 모카탐 언덕에 성채 시타델Citadel을 세워 새 카이로를 구축했다. 이렇게 발달한 카이로는 13~15세기 맘루크 왕조[16]〈1250~1517〉시대에는 동서무역의 길목으로 크게 번창하여 바그다드를 대신한 이

---

14) 이슬람교 이스마일파 왕조(909~1171). 969년 이집트 점령 신도시 카이로 건설 후 이집트로 옮김. 1117년 아이유브 왕조의 살라딘에 의해 멸망.

15) 본명 살라흐 앗딘이며 살라딘은 유럽식호칭. 어아유부 왕조의 창시자. 십자군으로부터 90년만에 엘루살렘을 해방시킨 반십자군의 영웅.

16) 맘루크는 백인 노예라는 뜻. 아이유브 왕조의 노예출신 맘루크가 창건한 왕조(1382~1517년)

시타델에서 본 카이로
눈앞에 술탄 하산 모스크와 리파이 모스크가 있고, 그 뒤로 카이로 시가가 보임.

슬람 세계의 중심지로 부상했다. 『아라비안나이트』에 나오는 카이로는 이 당시의 카이로의 모습을 그린 것이다. 현재 이슬람지구에 남아 있는 역사적 건축물의 대부분이 이 시대에 건조되었다. 그 뒤 16~18세기, 이집트가 오스만 제국의 속주〈1517~1798〉가 되면서 카이로는 잠시 침체했다. 그러다가 18세기 말, 프랑스의 침략〈1798~1801〉에 이어 19세기 말, 영국의 보호국〈1882~1952〉이 되면서 카이로는 근대도시로 정비·확장되어 오늘의 모습을 갖추었다.

카이로는 사막도시이다. 사막지대에 나일강을 끼고 발달했다. 그렇기 때문에 도시면적이 동서 10㎞, 남북 15㎞ 밖에 안 된다. 이렇게 좁은 곳에 1천 5백여만 명이 거주하고 있어 카이로는 세계적

1820년대의 카이로
(헨리 소르트 그림)

인 인구 초과밀의 도시이다. 최근에 카이로 교외 사막지대에 위성 도시를 개발하여 확장하고 있다.

카이로의 첫 인상은 모스크의 첨탑에서 흘러나오는 이슬람 소리, 교통질서를 무시한 채 경적을 울리며 마구 달리는 자동차 소리, 야채를 싣고 덜컹거리며 거리를 지나가는 당나귀수레 소리, 길모퉁이 곳곳에 서서 떠드는 이집트인들의 잡담소리, 골목을 다니며 둥글고 납작한 빵 아이시Aish를 파는 빵 장사의 고함소리, 이런 소리들이 뒤범벅되어 매우 시끄럽고 무질서한 도시로 보인다. 하지만 카이로는 아프리카·중동·서구의 다양한 문화가 섞여 있고 고대 이집트의 토착종교·초기 그리스도교·이슬람교가 함께 어우러져 있는 매우 매력 있고 활력이 넘치는 이슬람 도시이다.

카이로는 그 특징에 따라 뉴 카이로, 올드 카이로, 이슬람 카이로, 그리고 옛 유적지 카이로로 나뉜다. 카이로에서 여행자들이 제일 먼저 찾는 타흐리르 광장 일대가 뉴 카이로이다. 그 남으로 카이로의 발상지 푸스타트와 초기 그리스도 교회들이 남아 있는 올드 카이로, 동으로 중세 이슬람의 모습이 남아있는 이슬람 카이로가 자리한다. 그리고 동북부 교외공항근처의 태양도시 헬리오폴리스, 남서부 교외의 세 피라미드로 유명한 기자와 고대 이집트의 첫 왕도 멤피스에 옛 유적지들이 자리한다.

카이로는 그 역사가 오래되었다. 더욱이 이곳에는 페르시아·그리스·로마·이슬람·오스만 터키·프랑스·영국에 이르기까지 많은 이민족과 그들의 문화가 지나 갔다. 그리고 종교가 두 번이나 완전히 바뀌었다. 그러다 보니 카이로에는 볼거리가 많다. 여행 일정이 짧더라도 꼭 보아야 할 곳으로는 뉴 카이로의 이집트 박물관, 파라오 촌, 카이로 타워, 올드 카이로의 로마 타워, 콥트 박물관, 아기 예수 피난교회, 이슬람 카이로의 시타델 성채, 무함마드 알리 모스크, 술탄 하산 모스크, 죽은 자의 도시, 재래시장 칸 엘-칼릴리가 있다. 그리고 카이로 교외에 있는 기자의 세 피라미드와 대스핑크스, 나일 크루즈에서 보는 밤의 나일강이 있다.

붉은 스핑크스 (이집트 박물관)

이집트 심장 뉴카이로

11

아기 모세의 전설이 깃든 「성서의 땅」 – 게지라 섬

카이로의 중심에 자리한 뉴 카이로, 이곳은 19세기에 카이로 나일강의 동안에 발달한 신시가로 당시의 파리를 본받아 건설한 이집트의 심장이다. 그 중심에 타흐리르 광장Tahrir Sq.이 있다. 타흐리르는 「해방」이라는 뜻으로 나세르가 「1952년 혁명」을 기념하여 만든 광장이다. 광장에 이집트 박물관, 카이로 시의 합동청사, 그밖에 은행·백화점·호텔·극장·아랍연맹 빌딩 그리고 19세기 영국풍의 고층빌딩과 쇼핑상가들이 모여 있다. 광장의 북동으로 조금 떨어져서 람세스 광장과 람세스 중앙역이 있다. 광장의 동으로 조금 가면 오페라 광장과 무함마드 알리가 조성한 에즈베키야 공원이 있고, 그 주변에 나폴레옹이 궁전으로 사용했던 건물의 일부가 남아 있다. 동으로 좀 더 가면 아타바 광장과 「카이로의 부엌」이라고 불리는 식료품 재래시장 수크 이르-아타바Suuq il-Ataba가 있다. 오페라 광장에는 1817년에 오페라 「아이다」가 초연

람세스 2세 입상

카이로 타워와 게지라 섬

된 오페라 하우스가 있었으나 1971년에 화재로 타버렸다.

광장의 남동으로 조금 가면 아브딘 궁전Abdin Palace, 그 동으로 이슬람 카이로가 인접해 있다. 이 궁전은 19세기 후반 무함마드 알리 왕조 시대의 파샤총독 이스마일(Ismail: 1830~1895)이 세운 궁전이다. 이스마일은 수에즈 운하의 무리한 추진으로 막대한 외채를 누적시켜 이집트에 경제 파탄을 가져왔다. 그리고 그것이 영국이 이집트를 점령하는 구실을 준 것으로 알려져 있다. 지금은 그 일부를 대통령 관저와 전쟁박물관으로 쓰고 있다.

광장의 서로 타흐리르 다리를 건너면 게지라Gezirah섬이 나온다. 게지라는 아랍어로 「섬」이라는 뜻이다. 이 섬이 파라오의 아기박해를 피해 갈대 상자에 넣어 나일강의 갈대숲에 숨겨놓은 아기 모세를 왕녀가 발견하여 건져냈다는 「성서의 땅」이다. 이 섬에 타흐리르 공원·카이로 타워·현대 미술관·오페라 하우스·박물관 등이 있다. 카이로의 상징인 카이로 타워Cairo Tower는 높이가 187m의 원통 모양의 기념건축물이다. 16층의 맨 꼭대기 전망대에서 나일강, 카이로 전경, 그리고 멀리 피라미드까지 볼 수 있다.

타흐리르 광장에 있는 이집트 박물관Egyptian National Museum은 고대 이집트 문명과 5천 년의 이집트 역사를 결집해놓은 세계적인 박물관으로 12만 점의 고대 이집트 유물을 소장하고 있다. 이 박물관은 1858년에 이집트의 고적 관리 감독관으로 부임한 프랑스 고고학자 오귀스트 마리에트〈Auguste Mariette: 1821~1881〉가 유물을 체계적으로 관리하기 위해 부라그Bulag에 박물관을 개설한 것을 1902년에 지금의 건물로 옮겨왔다. 고대 이집트 문명을 처음 대하는 여행자는 이 박물관부터 방문하는 것이 이집트 여행에 도움이 될 것이다. 이 박물관에는 천장이 없는 중앙 홀을 비롯하여 100개의 전시실이 있다. 1층의 각 전시실에는 각종 조각상·돋새김·벽화·공예품·파라오의 미라에 이르기까지 많은 유물이 시대별로 전시되어 있다. 2층에는 투탕카멘 전시실·미라 실·파피루스 실 따위 유물 종류별 특별전시실이 있다. 그 많은 전시물을 짧은 시간에 보려면 유명한 전시물 중심으로 중점적으로 관람할 수밖에 없다. 박물관 정원에 앨러배스터로 만든 두 개의 스핑크스가 있다. 서쪽에 고대 이집트의 유적 관리에 공적이 큰 프랑스 고고학자 오귀스트 마리에트의 동상이 있고 그 밑 땅 속에 그의 유해가 안치되어 있다.

카이로 타워

이집트 박물관(Egyptian National Museum)

카이로의 국립 이집트 박물관은 1858년에 창설한 세계 최대의 이집트 박물관으로 선사시대부터 로마시대까지 약 4천 년에 걸친 유물 12만 점을 소장하고 있다. 1층은 각종 유물이 시대 순으로 전시되어 있고, 2층은 투탕카멘의 유보遺寶, 목관, 파피루스, 신상, 미라 따위가 전시되고 있다.

주요 전시물로는 우선 1층 입구의 중앙 홀에 4체의 람세스 2세상이 서 있다. 그 안쪽 43호실 통로에 짙은 녹색 점판암의 나르메르

투탕카멘 황금 마스크
(이집트 박물관)

팔레트 전시 번호 26번와 히에로글리프 해독의 열쇠가 된 로제타 스톤의 복제품26 원본 대영박물관 소장, 그리고 중앙 홀의 맨 안쪽에 거대 한 아멘호테프 3세와 왕비의 좌상38이 전시되고 있다.

홀의 왼쪽 통로와 그 옆 전시실에 고왕국시대의 유물이 전시되고 있다. 47호실의 조세르 왕의 좌상28, 멘카우라 왕과 두 여신의 세 입체상30, 맥주를 만드는 여성 상29, 42호실의 촌장의 목상이라 불리는 멤피스 최초 신관 카 아페르 상31, 50cm 크기의 작은 서기 좌상33, 기자의 제2피라미드를 만든 높이 2m의 파라오 카프라의 암제 좌상32, 32호실의 아름답게 채색된 높이 1m의 헬리오폴리스 태양신전의 신관 라호텝과 네페르트 부부 좌상35, 그 옆에 메이둠의 거위 벽화34가 유명하다. 37호실은 쿠푸의 어머니 왕녀 헤테프레스의 특별실로 헤테프레스 상37과 그녀가 사용했던 의좌, 침대 따위 부장품이 전시되고 있다.

헬리오폴리스의 신관 라호텝과 네페르트 부부상
(이집트 박물관)

26호실로부터 13호실까지는 중왕국시대 유물이 전시되고 있다. 통로에 있는 높이 2m의 적흑백의 멘투호테프 2세 석조좌상[25]과 24호실의 오시리스 신상이 유명하다. 12호실부터 시작되는 신왕국시대의 전시실에는 12호실의 아멘호테프 2세 상, 우유를 마시는 하트호르 여신을 상징하는 암소 상[39]과 투트메스 3세의 입상[42], 10호실의 신 호룬과 어린 람세스 2세의 석상[48], 람세스 2세의 딸 메리타아문 상, 9호실 앞 통로의 사카라 왕명 표, 6호실 앞 통로의 여왕 하트셉수트의 스핑크스[41], 3호실의 대표적 아르마나 미술작품인 파라오 아크엔아텝의 거상[44], 왕녀의 머리 상[46], 왕비 네페르티티의 미완성 머리 상[45], 캐노푸스 단지 따위가 유명하다. 25호실부터는 말기왕조시대의 유물, 그리고 34호실부터는 그레코·로만시대 이후의 유물이 전시되고 있다.

2층에는 투탕카멘의 유물이 대부분을 차지하고 있다. 대표적 유물로 황금 마스크[1], 황금 관[2-3], 황금 목걸이를 비롯하여 투탕카멘의 실물 크기 입상[11], 왕의 전차, 목관, 앨러배스터 항아리, 침대, 황금 침대, 옥좌 따위 2천여 점의 유물이 전시되고 있다.

그밖에도 2층 27호실의 공물을 나르는 여성 상, 24와 29호실의 파피루스문서와 필기 용구, 19호실

하트셉수트 스핑크스
(이집트 박물관)

이집트 박물관 중앙 홀

의 신상, 그리고 사자의 책, 제1왕조부터 비잔틴 시대까지의 목걸이를 비롯한 각종 장식품이 전시되고 있다. 오른쪽 끝에 있는 미라 특별실에는 람세스 2세의 미라를 비롯하여 제18~20왕조의 파라오의 미라 12체가 전시되고 있다.

아기 예수 이집트 피난의 모자이크 벽화 (무알라카 교회)

카이로의 발상지 올드카이로

12

초기 그리스도교의 박해와 수난의 역사유물 – 콥트 박물관

뉴 카이로의 남부에 나일강 따라 자리한 올드 카이로. 카이로의 발상지인 이곳에 로마시대의 성벽 유적, 폐허가 된 채 버려져 있는 카이로 발상의 역사가 숨 쉬고 있는 푸스타트, 그리고 초기 그리스도교의 수난의 역사가 스며있는 4~5세기의 콥트교회[17]들이 남아 있다. 일명 콥트 카이로Coptic Cairo라고도 불린다. 이집트에 그리스도교가 전파된 것은 기원 42년 무렵이었다. 복음 전도사이며 마가복음을 쓴 성 마가St.Mark가 네로 황제의 박해를 피해 로마에서 알렉산드리아로 오면서 그리스도교를 이집트에 전파했다. 그리스도교가 일신교로서 새로운 종교인데도 이집트인들은 생소하게 느끼지 않았다. 그리스도교의 부활 등 교리의 일부

올드 카이로의 뒷골목

17) 정식 명칭은 콥트 정교회임. 이집트 초기 그리스도교회로 독자적인 신앙체계와 별도의 교황을 두고 있음. 그리스도교에서는 가톨릭이나 신교에 속하지 않는 교회를 동방정교회라고 총칭하는데 그리스정교회와 콥트교회가 해당됨.

가 고대 이집트의 사생관과 비슷했고 그리스도교의 상징인 십자가의 모양이 고대 이집트의 영생의 열쇠 앙크Ankh와 흡사했다. 또한 성모 마리아가 아기 예수를 안고 있는 모습이 이시스 여신이 어린 호루스를 안고 있는 모습과 같았다. 이런 저런 이유로 그리스도교는 짧은 기간에 이집트 전역에 전파되었으며 그 중심지가 알렉산드리아였다.

이슬람 군이 이집트를 정복했을 때 이집트인들은 대부분이 그리스도교도였다. 아랍인들은 그들을 킵트Qibt라고 불렀다. 이것이 영어로 콥트Copts: 콥트교도라는 뜻라고 불리게 되었다. 이집트가 이슬람화 되면서 대부분의 콥트교도들은 무슬림으로 개종했다. 콥트들에게 부과한 이슬람 왕조의 중과세가 그들을 개종하게 만들었다.

콥트들 역시 그리스도교가 로마 제국의 국교로 공인될 때까지 심한 박해를 받았다. 특히 4세기 초, 로마 황제 디오클레티아누스〈Dioclecyianus: 248~303〉에 의해 많은 콥트들이 학살되었다. 콥트교회에서는 이 아픔을 후세까지 길이 알리기 위해 황제가 즉위한 284년을「콥트 순교의 해」로 정했다. 이 해를 원년으로 한 콥트교회 독자의 교력教曆을 유지해 오고 있다. 그 뒤 5세기 중반, 터키의 칼케돈Chalcedon에서 열린 종교회의에서 콥트교회의 단성론[18]單性論이 이단으로 몰려 파문을 당하면서 콥트들은 더 심한 박해를 받았다.

18) 예수에게는 인간으로서의 속성인 인성과 신으로서의 속성인 신성의 두 가지 성격이 있다는 것이 양성론. 곧 예수는 육체를 가진 사람인 동시에 하느님의 아들로서 신이라는 것. 반면에 콥트 교회처럼 인성을 부정하고 신성만 있다고 하는 것이 단성론. 곧 예수는 육체를 가졌지만, 그 본질은 신이라는 것임.

올드 카이로의 콥트 교회들

올드 카이로에는 지하철을 이용하면 쉽게 갈 수 있다. 카이로를 남북으로 연결하는 헬만-마그로선의 지하철 마리 기르기스Mari Girgis 역에서 내리면 그 일대가 올드 카이로이다. 역 바로 앞에 로마 황제 트라야누스〈Trajanus: 53~117〉시대에 세운 성곽도시 바빌론 성의 성문이었던 로마타워 유적이 남아 있다. 이 바빌론 성은 이슬람 군이 카이로에 침공했을 때 로마군과 격전을 벌였던 곳이다. 나일강의 물줄기가 지금처럼 바뀌기 전에는 이 탑에서 나일강에 오가는 배를 감시할 수 있었다.

로마타워 바로 옆에 1908년에 마르코스 시마이카 파샤가 설립하여 개관한 콥트 박물관Coptic Museum이 있다. 세계 최대의 콥트 예술품 1만 6천 점을 소장하고 있는 박물관으로 초기 그리스도교의 박해와 수난의 역사를 보여주는 많은 유물이 전시되고 있다.

로마 타워 유적
올드 카이로의 상징.

그리스도 교도라면 꼭 봐야할 박물관이다. 특히 이 박물관에 있는 예수나 성서를 주제로 한 콥트 미술의 프레스코화들이 유명하다. 그 중에서도 가장 유명한 것이 파이윰에서 출토된 성화 〈원죄原罪〉이다. 2층 9호실에 걸려 있는 이 성화는 똑같은 모습의 남녀 두 쌍이 나란히 서 있는 그림이다. 이것은 뱀의 유혹으로 금단의 지혜 나무의 열매를 따먹기 전의 아담과 하와의 모습오른쪽과 열매를 따먹고 선악을 알게 된 후의 아담과 하와가 낙원에서 추방되기 직전의 모습왼쪽을 그린 것이다. 열매를 따먹기 전의 아담과 하와는 앞을 가리지 않고 있으나 따먹은 후에는 나무 잎으로 앞을 가리고 있는 것이 매우 애교스럽다. 아담과 하와의 낙원 추방은 중세 유럽의 화가들이 많이 그린 테마였다. 그들의 그림에는 신과의 약속을 깬 것

성화 원죄
오른쪽 금단의 열매 따먹기 전과 왼쪽 따먹은 후의 아담과 하와 성화. (콥트 박물관)

에 대한 아담과 하와의 후회스러움과 부끄러움이 나타나 있다. 그런데 이 그림에서는 그러한 모습을 찾아 볼 수 없다. 그밖에 〈비너스 탄생〉, 〈그리스도 승천〉의 성화가 유명하다.

성화 외에도 콥트 교회의 건축 장식·묘비·기둥머리·구리제품·유리제품·상아·금은 세공·콥트어로 쓴 성서의 양피지 사본·이콘성화·프레스코화·콥트직물·토기 따위가 전시되고 있다.

로마타워의 오른 쪽에 바빌론 성의 성벽을 이용하여 세운 카이로에서 가장 오래된 무알라카 교회Muallaqa Church가 있다. 무알라카는 아랍어로 「매달다」라는 뜻이다. 바빌론 성의 남서부 성벽 위에 공중에 매달아 놓은 것처럼 교회가 서 있어 붙여진 이름이다. 공중교회Hanging Church라고도 불린다. 본당 성소의 입구 문 위에 성모 마리아, 천사 가브리엘, 베드로, 세례 요한, 천사 미카엘, 사도 바울의 성화가 있다. 그밖에 이 교회에 있던 100여점의 성화는 현재 콥트 박물관에서 전시되고 있다.

무알라카 교회의 오른 쪽 지하계단을 내려가 좁은 골목을 따라 안으로 들어가면 성 세르기우스 교회St. Sergius Church가 나온다. 303년, 로마 황제 맥시밀리안 때 시리아의 알라사파에서 순교한 세르기우스와 바쿠스를 기념하여 세운 교회이다. 이 교회가 유명한 것은 아기 예수가 이집트로 피난 왔을 때 한 달 동안 머물었던 동굴 위에 서 있기 때문이다. 「아기예수 피난교회」라고도 불린다. 유대국왕 헤롯[19]〈Herod: B.C.73~4〉의 박해를 피해 요셉과 성모 마리아와 함께 아기예수는 팔레스타인에서 당나귀를 타고 이집트로 피난 와서 3년 반 가까이 있었다. 성경 신약의 마태복음 2장 13~15절에 성가족의 이집트 피난 사실이 기록되어 있다.

무알라카 교회
공중교회라고도 불림.

이 교회는 좁다란 골목에 교회 입구가 반 지하로 되어 있어 겉으로 보아서는 교회로 보이지 않는다. 그러나 그 안은 생각보다 넓다. 중앙에 제단이 있고 예수의 열두 제자를 상징하는 대리석 기둥이 좌우로 6개씩 두 줄로 서 있다. 모두 흰 대리석 기둥인데 예수의 열두 제자 중 은전 30닢에 예수를 판 유다Judas를 상징하는 기둥만은 붉은 대리석 기둥이다. 본당에 예수의 탄생, 기적, 세례, 부활을 그린 성화가 있다. 아기 예수가 숨었던 지하 동굴은 지하수로 반쯤 잠겨있어 들어갈 수 없다. 매년 6월 1일 아기 예수를 기리

19) 유대왕국의 왕으로 예루살렘 신전 재건. 예수의 탄생을 두려워하여 베들레헴의 많은 유아를 학살했음.

는 축제가 이 교회에서 열린다. 지금은 콥트교회로 사용되고 있다.

아기 예수 피난 교회

아기 예수가 피난했던 동굴 위에 서 있음.

성 세르기우스 교회 부근에 4세기에 건립된 모세 기념교회 벤 에즈라 시나고그Ben Ezra Synagogue가 있다. 시나고그는 히브리어로 '모이다'라는 뜻이다. 9세기 무렵 툴룬 왕조는 이븐 툴룬Ibn Tulun 모스크를 짓는 자금을 마련하기 위해 몇 개의 교회를 처분했다. 그중 하나를 유대인들이 사들여 유대교회로 개조한 것이다. 현재의 건물은 12세기 초 예루살렘에서 온 랍비 아브라함 벤 에즈라가 재건한 것이다. 건물을 아라베스크 양식으로 지은 것이 특징이다. 천년 가까이 이집트 유대인 공동체의 중심이 되어왔던 곳으로 지금은 유대교회로 쓰고 있다.

이곳은 출애굽 때 이집트 델타 동남부의 유대인들이 모여서 출발했던 장소로 모세가 광야로 나가면서 기도를 올린 것으로 전해지고 있다. 교회 안에 12세기에 모세의 출애굽을 기념하여 만든 대리석 기념물이 있다. 교회 뒤에 「메크바」라고 불리는 모세의 우물이 남아있다. 이교회에 1894년에 발견된 11~12세기 당시의 유대인들의 생활모습을 상세하게 기록한 퀘니자 문서Geniza Document가 보관되어 있다. 이 유대교회는 「아기 예수 피난교회」와 함께 성지순례자들의 발길이 일 년 내내 끊이지 않는다.

이집트에는 이 밖에도 아기 예수가 피난 때 머물었던 곳이나 지나갔던 길에 세운 성당과 수도원이 여러 곳에 있다. 그리스도교도들은 그곳을 성지 순례지로 삼고 있다. 그 중 하나가 성지 순례자들이 꼭 찾는 카이로 공항 부근의 마타리야옛 헬리오폴리스에 있는 「성모 마리아의 나무The Virgin's Tree」이다. 아기 예수와 함께 성모 마리아는 이 무화과나무 밑에서 쉬면서 샘물에 목을 축이고 아기 예수를 목욕 시키고 젖은 옷을 이 나무에 걸어 말린 것으로 전해지고 있다. 첫 번째 나무와 두 번째 나무는 죽은 고목이 되어 서 있고 세 번째 나무가 잎이 파랗게 나서 서 있다. 그 곁에 아기 예수를 목욕 시켰다는 우물이 남아있고 기념 교회가 있다.

올드 카이로의 동북부에 카이로의 발상지 푸스타트가 자리한다. 641년 4월 이집트를 정복한 이슬람 군의 아므르 장군은 바빌론 성 가까이에 새로운 수도 푸스타트를 건설했다. 그리고 그곳에 자기 이름을 붙인 아므르 모스크Amr Mosque를 세웠다. 이집트뿐만 아니라 아프리카에서 가장 오래되었고 세계에서 4번째로 오래된 모스크이다. 이 모스크는 건설 당시에는 첨탑도 없고 햇볕에 말린 진흙 벽돌로 만든 작은 모스크였다. 그 뒤 확장되어 지금은 「400개의 기둥을 가진 모스크」라고 불릴 정도로 많은 기둥과 높은 천정을 가진 모스크로 유명하다. 푸스타트는 「미스르Misr」라고도 불리는데 이슬람 군의 주둔지를 가리킨다. 지금은 이집트 공화국을 미스르 공화국, 이집트 항공을 미스르 항공이라고 부르듯이 카이로나 이집트를 「미스르」라고 부른다.

아므르 모스크
이집트 최초의 모스크.

군사도시로 탄생한 푸스타트는 그 북에 새로운 수도 카히라가 건설될 때까지 이집트의 수도였다. 그 후에도 상업도시로서 크게 번영했다. 그러나 1168년 십자군의 침공에 대비하여 파티마 왕조는

성모마리아 나무
아기 예수가 이집트 피난 때 잠시 쉬었다는 무화과나무.

카이로가 십자군의 요새가 되는 것을 막기 위해 2만 통의 기름을 뿌려 푸스타트를 태워버렸다. 그 불길이 54일 동안이나 꺼지지 않았다고 한다. 그 후 지금까지 푸스타트는 폐허가 된 채로 남아있다. 이집트의 이슬람화가 시작된 푸스타트에서 출토된 많은 유물들이 현재 이슬람 예술 박물관에서 전시되고 있다.

올드 카이로의 서부에 자리한 로다Roda섬은 게지라 섬 아래 있는 섬이다. 이곳에 나일강의 수위를 재기 위해 8세기에 만든 나일로 미터가 있다. 현재 이집트에 남아 있는 나일로 미터 중에서 가장 크다. 올드 카이로에는 많은 콥트들이 산다. 이들 콥트의 세계를 보지 않고서는 이집트를 보았다고 하지 말라는 정도로 이곳에 고대 이집트나 지금의 이슬람화 된 이집트와는 다른 또 하나의 이집트가 있다.

술탄 하산 모스크 내부

중세의 향수 이슬람 카이로

13

그곳엔 전혀 다른 소리와 색깔이 있다

뉴 카이로의 동부에 자리한 이슬람 카이로 Islamic Cairo. 이곳은 이집트 이슬람화의 거점이었으며 3백 개가 넘는 중세 이슬람시대의 역사적 건축물이 남아있다. 유네스코는 이 지역 전체를 세계문화유산으로 지정했다. 세계 3대 종교의 하나인 이슬람교는 유일신 알라 Allah를 신앙하는 종교이다. 이슬람이란 아랍어로 「신에게 절대귀의·복종한다」는 뜻이다. 7세기 초, 예언자 무함마드 〈Muhammad: 570~632〉가 아라비아반도의 메카 Mecca 교외에 있는 히라 산 Hira Mt.의 동굴에서 대천사 가브리엘 Gabriel이 전하는 신의 계시를 받고 창시한 종교이다. 지금은 모스크가 카이로의 상징이다. 카이로에만 3백 개가 넘는 모스크와 1천 개 가까운 첨탑 minaret이 있다. 매일 하루 다섯 번 모스크의 첨탑에서 「알라는 위대하다. 알라 외에는 신이 없다. 이제 예배시간이 되었다.」 이렇게 기도 시간을 알리는 소리 아잔 Azan이 울러 퍼진다. 낮에는 이슬람교의 성지

차도르로 머리를 가린 이집트 여인

이슬람 카이로의 새벽
(이슬람 카이로)

메카를 향해 거리에서 기도하는 이집트인들을 볼 수 있다.

이슬람 카이로의 거리를 거닐어보면 마치 중세의 이슬람 세계에 와 있는 것 같이 느껴진다. 중세의 향수가 깃들어 있는 좁다란 거리에 흰 이집트 전통복장 갈라베야galabeya를 입은 남자들이나 검은 베일로 얼굴을 가린 여자들이 유난히 많이 눈에 띈다. 양고기나 채소를 실은 짐수레를 끄는 당나귀, 아랍문자로 된 상점의 간판들, 사람이 득실거리고 쓰레기가 넘쳐나는 거리들, 이렇게 이슬람 카이로에는 뉴 카이로와는 전혀 다른 소리와 색깔이 있다. 하지만 가장 아랍적인 것은 그곳의 냄새이다. 이집트의 독특한 향신료 냄새, 마늘을 먹는 이집트인들의 몸내, 그리고 말과 당나귀에서 나는 독특한 냄새, 길가 상점에서 양고기를 굽는 냄새, 이런 것들이 뒤범벅이 된 이슬람 냄새 아니 이집트 냄새로 가득 차 있다.

이곳 뒷골목에 자리한 전통가옥에서 마슈라비야mashrabeya를 볼 수 있다. 이것은 아랍어로 「마시는 장소」라는 뜻으로 나무로 만든 격자 모양의 창문이다. 창안이 통풍이 잘되고 시원하기 때문에 물 단지를 둔 데서 유래되었다. 이곳은 주부들의 유일한 자유공간이다. 격자창문 안에서는 밖을 내다 볼 수 있으나 밖에서는 안이 보이지 않는다. 중세에 여자는 다른 남자에게 얼굴을 보여서는 안 된다는 이슬람의 전통 때문에 여성들의 외출이 거의 허용되지 않았다. 심했을 때는 여자들이 아예 밖에 나가지 못하도록 여자용 신발을 만들지 못하게 한 적도 있었다. 따라서 주부들이 밖을 볼 수 있는 유일한 장소였다. 이슬람 여성들은 외출할 때는 차도르chaddor로 몸을 가리지만 집안에서는 화려하게 옷을 입는다. 유난히 눈언저리의 화장을 검은색이나 검푸른 색으로 짙게 한다. 이것은 화장이라기보다는 벌레가 눈에 들어가지 않도록 하기 위한 예로부터 전해오는 전통이다. 그리고 무더위에 몸을 깨끗이 가꾸어야 한다는 이유로 이슬람 여자들은 머리털만 제외하고 온몸의 털은 모두 제거한다. 마슈라비야의 내부를 실제로 보려면 올드 카이로의 콥트 박물관에 가면 2층 전시실의 창문이 모두 마슈라비야로 되어 있어 볼 수 있다.

마슈라바야 격자모양의 창문
안에서 밖을 볼 수 있으나
밖에서는 안이 보이지 않음.

이슬람 카이로는 남부의 시타델Citadel 성채 일대와 북부의 아즈하르 모스크Azhar Mosque 일대로 나뉜다. 아즈하르 일대는 뉴 카이로가 생기기 전까지 카이로의 중심지였다. 파티마 왕조시대에 건설된 동서 1㎞, 남북 1.5㎞의 성곽도시로 성벽으로 둘러 싸여 있다.

시타델 성채
모카담 언덕에 있는 성채.

성벽에는 푸트흐 문Bab Futuh:정복의 문, 나스르 문Bab Nasr:개선문, 주와이라 문Bab Zuwayla 등 8개의 성문이 있고. 중앙에 무이즈 거리가 남북으로 성안을 관통하고 있다.

이슬람 카이로의 대표적 볼거리로는 시타델, 무함마드 알리 모스크, 술탄 하산 모스크, 리파이 모스크, 아즈하르 모스크, 이슬람 예술 박물관, 죽은 자의 마을 그리고 재래시장 칸 엘-칼릴리 등을 들 수 있다.

카이로의 남동부에 높이 110m의 민둥산에 가까운 석회암 언덕이 남북으로 길게 뻗어있다. 모카탐 언덕Moqattam Hills이다. 이 언덕 위에 성채 시타델이 있다. 시타델이란 영불 공통어로 「성채」라는 뜻이다. 1176년에 착공하여 1183년에 완공한 이 성채는 반 십자군의 영웅이며 아이유브 왕조의 창시자인 살라딘Salah al-Din이 십자군의 침공으로부터 카이로를 수호하기 위해 세웠다. 성벽의 길이가 2,100m나 되는 큰 성채로 주로 모카탐에서 채석된 돌을 쌓아 만들었으나 일부는 기자의 피라미드에서 가져와 이용했다. 원래 피라미드를 만들기 위해 모카탐에서 가져간 돌이 3천 5백년 만에 돌아왔다.

12세기부터 19세기까지 약 8백 년 동안 시타델은 이집트 통치의 거점 겸 통치자의 거성으로 사용되었다. 성벽 안에 무함마드 알리 모스크를 비롯하여 군사 박물관, 경찰 박물관, 나세르 무함마드의 궁전 터 그밖에 많은 기념비가 있다. 박물관 앞에 십자군과 맞서서 이집트를 지킨 전쟁 영웅 살라딘의 동상이 서 있다. 군사 박물관은 북한이 지어준 것이다.

성벽으로 둘러싸여 있는 시타델에 들어서면 첫 눈에 띄는 것이 왼쪽에 자리한 무함마드 알리 모스크Mohammed Ali Mosque이다. 이집트 근대화의 아버지 무함마드 알리[20]〈Mohammed Ali: 1769~1849〉가 1824년에 착공하여 그가 죽고 8년이 지난 1857년에 그의 아들 사이드〈Said: 1822~1863〉 파샤 때 완공했다. 당시 오스만으로부터 독립하려고 마음먹고 있던 알리는 술탄군주만이 두 개의 첨탑을 가진 모스크를 세울 수 있다는 불문율을 의도적으로 깨버렸다. 그는 이스탄불의 대 모스크 성 소피아와 맞먹는 모스크를 세워 오스만 터키의 술탄에게 도전장을 보냈다.

---

20) 프랑스의 이집트 침입에 대항하기 위해 오스만 터키에서 파견된 장군. 이집트 정착 후 정치, 군사, 경제개혁 단행, 근대 이집트 건설의 기초를 닦음.

무함마드 알리 모스크의 돔
이스탄불의 블루 모스크처럼 보임.

높이 84m의 2개의 높은 터키 식 첨탑과 큰 돔을 가진 이 모스크는 본당과 사흔sahn: 안마당으로 구성되어 있다. 가로 52m, 세로 54m의 안마당은 하얀 대리석 기둥과 아치 위에 작은 돔 지붕으로 된 회랑으로 둘러싸여 있다. 안마당의 서쪽 끝에 1846년에 프랑스 왕 루이 필립〈Louis Philippe: 1773~1850〉이 선물한 구리로 만든 시계탑이 서 있다. 이것은 알리가 룩소르 신전의 입구에 서 있던 두 개의 오벨리스크 중 하나를 프랑스에 선물한 것에 대한 답례로 보내온 것이다. 오벨리스크는 현재 파리의 콩코드 광장에 서 있다. 모스크의 내부는 한 변이 41m의 본당이 있고 그 중앙에 높이 52m, 직경

21m의 큰 돔이 있다. 4개의 기둥과 작은 반 돔이 그 주위를 둘러싸면서 중앙 돔을 떠받치고 있다. 그 밖에 메카의 방향 키블라qiblah를 가리키는 미흐랍mihrāb과 높은 설교대 민바르minbar가 있다. 「앨러배스터 모스크」라는 별명에 걸맞게 본당의 벽과 기둥이 아름다운 색상의 앨러배스터Alabaster: 설화석고로 장식되어 있다. 이집트의 모스크로는 드물게 오스만 터키 양식으로 건축되어 이스탄불의 블루 모스크를 연상케 한다.

무함마드 알리 모스크의 안마당
가운데 우물 정자.
왼쪽에 프랑스 왕이 선물한 시계탑이 있음.

이슬람교에서는 우상숭배를 철저하게 금지한다. 그 때문에 모스크는 내부를 교회처럼 화려하게 꾸미지 않고 기하학적 아라비아 무늬인 아라베스크[21] arabesque로 장식하고 그 위에 코란에서 따온 아랍어 구절을 여러 가지 서체로 만들어 장식한다. 그런데 이 모스크만은 마치 교회나 성당처럼 많은 등과 샹들리에, 스테인드글라스, 모로코 풍의 반구형으로 된 지붕 돔으로 화려하게 꾸며 놓았다. 천정에서 내려온 수십 개의 램프가 몇 개의 원을 그리면서 모스크 안

21) 아라비아 풍이라는 뜻. 아랍인들이 창안한 장식 무늬로 식물의 줄기와 잎을 도안화하여, 당초唐草 무늬와 기하학 무늬를 배합한 무늬. 이슬람교 사원의 벽면이나 공예품의 장식에서 볼 수 있음.

무함마드 알리 모스크의 내부

교회처럼 많은 등과 샹들리에, 스테인드글라스로 화려하게 장식되어 있음.

을 밝히고 있다. 입구의 바로 오른 쪽 모퉁이에 3단의 흰 대리석으로 된 무함마드 알리의 관이 안치되어 있다.

모스크 서쪽 테라스에서 카이로 시가를 한눈에 내려다 볼 수 있다. 해질 무렵에 저녁노을 배경으로 서 있는 아름다운 첨탑을 바라보면서 예배시간을 알리는 아잔을 들으면 이슬람도시 카이로에 와있다는 것을 새삼 느끼게 된다. 첨탑들 너머로 멀리 기자의 피라미드도 보인다.

시타델의 언덕 바로 아래 술탄 하산 모스크Sultan Hassan Mosque가 있다. 이 모스크는 이름 그대로 술탄 나세르 하산이 1356년에 착공하여 7년 걸려서 세운 것이다. 맘루크 왕조시대의 대표적 모스크로 이슬람 건축의 걸작으로 꼽힌다. 면적이 7,900㎡에 입구의 높이 38m, 첨탑 높이 82m의 큰 모스크로 이슬람 4대 종파의 학교와 무덤이 함께 있다.

그 바로 옆에 1869년에 착공하여 1912년에 완공된 리파이 모스크 Rifai Mosque가 있다. 이 모스크에 나세르 혁명으로 물러난 파루크 1세〈Farouk I: 1920~1965〉의 무덤과 이란 혁명으로 이집트로 망명 왔다가 병사한 팔레비 왕〈Phalevi: 1919~1980〉의 무덤이 있다. 녹색의 앨러배스터로 된 홀에 그의 흰 석관이 놓여 있다. 시타델에서 조금 떨어진 곳에 「죽은 자의 도시」라고 불리는 중세의 공동묘지가 있다. 아랍어 아라파 Al-Qarafa 라고 불리는 이곳에 몇 천개의 중·근세 이슬람 왕조시대의 술탄들과 귀족들의 무덤이 있다. 이곳에서는 죽은 자의 무덤 위에 산 사람들이 집을 짓고 살고 있는데 그 수가 20만 명이 넘는다.

카이로에서 가장 큰 이븐 툴룬 Ibn Tulun 모스크는 초기 이슬람의 대표적 건축물이다. 툴룬 왕조의 아흐마드 이븐 툴룬이 879년에 착공하여 4년 걸려서 세운 모스크이다. 기하학적 무늬와 꽃무늬로 장식된 129개의 창이 유명하다. 네모로 된 기초위에 솟아 있는 높이 40m의 첨탑에는 바깥으로 나선형의 계단이 꼭대기까지 올라가 있다. 이 모스크에 코란에서 발췌한 문구를 새겨놓은 목판이 걸려 있다. 이븐 툴룬이 비잔틴 제국에 원정 갔다가 아라라트 산 Ararat Mt. 에서 발견한 노아 방주 Noah's ark 의 잔해에서 뜯어온 것이라 한다.

이슬람 카이로의 북쪽 아즈하르 광장에 970년, 파티마 왕조시대에 세운 5개의 첨탑을 가진 아즈하르 모스크 Azhar Mosque 가 있다.

술탄 모스크(좌) **리파이 모스크**(우)
시타델 아래 나란히 서 있는 카이로의 대표적 모스크.

파티마 왕조의 칼리프가 금요예배를 봤던 모스크이다. 972년에 이 모스크의 부속 신학교로 마드라사Madrasa가 설립되었다. 이슬람 세계에서 가장 오래 된 교육기관으로 이슬람 신학과 학문의 중심이 되어 왔으며 많은 종교지도자와 학자를 배출했다. 지금은 아즈하르 대학교가 되었다.

카이로를 찾은 여행자가 꼭 둘러야할 명소가 칸 엘-칼릴리Khan Al-Khalili이다. 카이로에서 가장 크고 오래된 재래시장으로 이슬람을 직접 피부로 느낄 수 있는 곳이다. 스쿠 엘-칼릴리 혹은 바자르 엘-칼릴리라고도 불린다. 14세기 말에 중동과 아시아를 오갔던 대상들을 위해 이곳에 숙박시설을 만든 것이 계기가 되어 각국의 상인들이 모여들어 거대한 시장으로 발전했다. 지금은 1천여 개의 상점들이 모여 있지만, 중세에는 약 200개의 숙박시설과 1만 2천 개의 점포가 있었다. 당시 이슬람 세계에서 가장 큰 바자르였다.

이 시장에는 파피루스·향수·카펫·민족의상·귀금속·향신료·가죽제품·골동품·액세서리 등 없는 것이 없다. 옛날에는 노예까지 거래되었다. 이 시장의 상품은 정가가 없고 파는 사람과 사는 사람과의 흥정으로 가격이 결정된다. 처음 내 놓는 가격의 절반 수준으로 살 수 있다. 다만 산값을 동행자에게도 말하지 않는 것이 하나의 불문율처럼 되어 있다. 같은 상품을 같은 상점에서 사더라도 그 값이 다르기 때문이다.

아즈하르 모스크의 첨탑

쇼핑이 끝난 뒤, 시장에 있는 전통 찻집에서 이집트 풍의 홍차나 터키 풍의 커피를 마시며 다리쉼을 하는 것도 이집트 여행의 좋은 추억거리가 된다. 이왕이면 시장 입구에 있는 〈게벨라위의 아이들Children of Gebelawi〉로 이집트 최초의 노벨문학상 수상자〈1988년〉 나기브 마푸즈〈Naguib Mahfouz: 1911~2006〉의 기념 찻집에서 이집트의 명물 물담배 시샤shisha를 피우면서…, 우리나라에서는 〈우리 동네 아이들〉로 출판된바 있다.

센우스레트 1세의 오벨리스크

신화의 고향 헬리오폴리스

14

천지창조 신화의 발상지 -「신화의 땅」

타흐리르 광장을 중심으로 북동부 교외에 자리한 고대 이집트의 종교 중심지 헬리오폴리스와 남서부 교외에 자리한 세 피라미드와 대스핑크스로 유명한 기자가 카이로의 옛 유적지구이다.

카이로 공항 일대가 일찍이 헤로도토스가「신들의 요람」이라고 일컬었던 옛 헬리오폴리스이다. 지금의 이름은 아랍어로 마타리야Matariyah이다. 이곳은 고대 이집트의 최고신인 태양신 신앙의 중심지로 인류역사상 가장 오래된 신화 중의 하나인 헬리오폴리스의 천지창조 신화가 탄생한「신화의 땅」이기도 하다.

센우스레트 1세의 오벨리스크 표지판

이 종교 도시의 옛 이름은「태양신의 고향」이란 뜻의 이우누Iunu이며 성서 구약에서 헤브라이인들이「온On」이라고 불렀던 곳이다. 헬리오폴리스는 그레코·로만시대에 그리스인들인 붙인 이름으로 그리스어로「헬리오스」는「태양」,「폴리스」는「도시」, 그래서

「헬리오폴리스」는 「태양의 도시」를 뜻한다. 지금은 아랍어로 「태양의 눈」이라는 뜻의 아인 샴스Ain Shames라고 불린다. 현재 남아 있는 오벨리스크 중에서 가장 오래된 센우스레트 1세[22]의 오벨리스크, 중동에서 처음으로 한국어 학과가 생긴 이집트의 명문대학 아인 샴스 대학, 1981년에 암살된 3대 대통령 무함마드 사다트[23]〈Muhammad A. el-Sādāt: 1918~1981〉가 잠자고 있는 무명용사의 무덤, 그리스도교도의 성지 순례지 「성모 마리아의 나무」가 모두 이곳에 있다.

고대 이집트에는 많은 신이 있었지만, 그 우두머리는 모든 신의 근원이며 천지를 창조한 태양신이었다. 헬리오폴리스에는 태양신을 모신 태양신전과 태양을 상징하는 많은 오벨리스크가 있었으나 지금은 오벨리스크 하나만 남아있다. 높이 21m, 무게 121t의 연한 핑크색 화강암으로 만든 이 오벨리스크는 헬리오폴리스의 태양신전 입구에 서 있었던 것이다. 4천여 년 전에 신왕국 제12왕조의 센우스레트 1세〈Senusret I: B.C.1956~1911〉가 즉위 30주년을 기념하여 세운 것이다.

세티 1세 오벨리스크
(카르나크 대신전)

고대 이집트에서 오벨리스크Obelisk는 태양신전처럼 태양신에게 바친 기념건축물이었다. 고왕국시대에는 오벨리스크를 높이 3m 정도로 작게 만들었다. 중왕국과 신왕국시대에 들어와서 거대한 오

22) 제12왕조 2대 파라오. 영토를 누비아. 팔레스티나까지 확장. 처음으로 파라오 직위 자식에게 세습.

23) 1952년 이집트혁명에 참가한 이집트의 군인·정치가. 제3대 대통령. 1977년 이스라엘방문 중동평화의 길을 열었음. 1978년 노벨 평화상 수상.

벨리스크를 만들어 신전의 탑문 앞에 세웠다. 오벨리스크는 파라오만이 세울 수 있었다. 고대 이집트인들은 오벨리스크를 고대 이집트어로 「빛나다」라는 뜻으로 「테켄Tekhen」이라고 불렀다. 해시계의 그림자 기둥으로도 사용되었다 해서 「그림자 기둥」이라고도 불렀고 성서 구약에서는 주상柱像이라고 불렀다. 오벨리스크라는 이름은 그리스인들이 그리스어로 「작은 꼬챙이」라는 뜻을 가진 오벨리스코스Obeliskos라고 부른데서 유래되었다. 아랍인들은 오벨리스크를 아랍어로 미쉘라라고 불렀는데 「큰 천을 깁는 바늘」이란 뜻이다. 오벨리스크는 아스완의 거대한 붉은 화강암으로 만들었다. 이 기념건축물은 헬리오폴리스의 태양신전에 있던 벤벤 석이 그 원형으로 마름모의 돌기둥으로 되어 있으며 위로 올라갈수록 가늘어진다.

투트메스 1세 오벨리스크
(아멘 대신전-룩소르)

꼭대기는 금과 은의 자연 합금인 호박금을 입힌 피라미디온[24]Pyramidion이라고 불린 피라미드 모양으로 만들어 태양광선이 반

24) 태양의 상징. 피라미드나 오벨리스크의 꼭대기에 얹혀 있는 돌. 금박한 돌로 만든 작은 피라미드. 옆면에 파라오의 칭호 및 태양신 등을 부조로 장식.

사되도록 했다. 고대 이집트인들은 피라미디온에 반사되는 태양 광선이 파라오의 무덤을 비춰 생기를 넣어줘 죽은 파라오가 부활하는데 도움을 준다고 믿었다. 기둥의 옆면은 아름답고 신비한 그림문자 히에로글리프로 신과 파라오의 이름, 파라오의 업적, 그리고 태양신에 바치는 찬사가 새겨져 있다. 아스완에 만들다 만 신왕국시대의 오벨리스크가 남아 있다. 룩소르 서안의 하트셉수트 장제전에는 오벨리스크를 배로 운반하는 모습의 벽화가 있다.

왕조시대에 약 120기의 오벨리스크를 만든 것으로 추정되고 있다. 현재 27기의 오벨리스크가 남아 있다. 이집트에는 룩소르의 카르나크 신전에 3기, 룩소르 신전, 헬리오폴리스, 카이로 공항, 카이로의 나일강변에 각각 1기씩 모두 7기의 오벨리스크가 남아있다. 외국에는 로마에 13기로 가장 많고 그밖에 런던, 파리, 뉴욕, 이스탄불 등에 각각 1기씩 있다. 이처럼 오벨리스크는 이집트 보다 외국에 더 많이 남아있다. 파리의 콩코드 광장에 서 있는 오벨리스크는 룩소르 신전의 탑문에 서 있던 것이다. 런던의 템스 강변과 뉴욕의 센트럴 파크에 서 있는 「클레오파트라의 바늘」이라고 불리는 오벨리스크는 헬리오폴리스에 서 있었던 투트메스 3세의 오벨리스크로 그레코·로만시대에 알렉산드리아의 세라페움에 옮겨 놓았던 것을 다시 옮겨간 것이다. 태양신의 숭배는 고왕국의 제5왕조시대〈B.C.2494~2345〉에 절정을 이루었다. 헬리오폴리스의 태양신전도 이 때 건조되었다. 현재 기자와 사카라 사이에 자리한 아부시르Abusir에 제5왕조의 파라오 우세르카프〈Userkaf: B.C.2479~2471〉와 네우세레〈Neu-serre: B.C.2420~2389〉가 세운 태양신전 유적의 일부가 남아있다.

수피댄스

나일강 크루즈에서 본 이집트 전통 춤.

카이로의 밤은 나일강에서 디너 크루즈를 타고 야경과 이집트식 뷔페를 즐기면서 이집트 전통 춤 벨리댄스Belly dance와 수피댄스Sufi dance를 관람하는데서 시작된다. 벨리댄스의 벨리는 영어로 배복부라는 뜻이다. 아랍 음악에 맞추어 아랍미인이 허리와 배를 움직이며 골반을 격렬하게 뒤흔들고 돌리는 요염한 춤이다. 예로부터 허리를 흔드는 동작은 다산과 풍요를 기원하는 뜻이 담겨 있었다고 한다. 그래서 지금도 이집트에서는 결혼식의 피로연에서 이 춤을 추는 풍습이 남아 있다. 수피댄스는 이집트어로 탄누라Tanura 댄스라고 불린다. 탄누라는 「치마」라는 뜻이다. 치마처럼 생긴 형형색색의 옷을 겹쳐 입고 한 자리에서 비행접시처럼 빙글빙글 돌면서 한 겹씩 옷을 벗으면서 춤추는 이집트 전통 춤이다. 남자들만이 춘다. 그러면서 카이로의 밤은 나일강과 함께 깊어간다.

기자의 세 피라미드

GIZA

IV. 세 피라미드의 기자

쿠푸 피라미드

구름 뚫은 태양광선 피라미드

15

인류사상 최대의 신비가 잊고 있던 옛 친구처럼 우리 앞에

이집트 여행의 하이라이트는 기자Giza의 세 피라미드이다. 카이로 중심가에서 남서로 13㎞, 나일강 서안 사막지대의 석회암 언덕에 세 피라미드가 옛 영광을 자랑하듯 웅장한 모습으로 나란히 서 있다. 세계에서 가장 오래되고 가장 큰 석조건축물이다.

사막의 당나귀를 탄 소년 (기자)

세 피라미드는 누구나 어릴 때부터 사진이나 그림으로 틈틈이 보아 왔다. 그래서 그런지 피라미드를 실제로 보는 것은 오랫동안 잊고 있었던 옛 친구를 만나는 느낌이다. 그런데도 막상 가까이서 피라미드를 만나보면 상상했던 것보다 훨씬 크고 기하학적인 간결한 아름다움에 놀랍다 못해 완전히 압도되고 만다. 그토록 오랜 세월 온갖 풍상을 겪었음에도 원래 모습을 간직하고 있는 것이 신기하다 못해 신비스럽기까지 하다. 하기야 혼자서 대피라미드 안에 들어갔다 나온 나폴레옹도 새파랗게 질린 얼굴로 온몸을 떨고 있

기자의 세 피라미드
쿠푸 피라미드(왼쪽),
카프라 피라미드(가운데),
멘카우라 피라미드(오른쪽)

었다고 한다. 알렉산더 대왕이 그랬던 것처럼 그 신비로움에 심한 충격을 받은 것이다. 나폴레옹은 유명한 피라미드 전투에 앞서 병사들에게 "피라미드 위에서 4천년의 역사가 제군을 내려다보고 있다"고 외쳐 병사들을 고무시켰다고 전해지고 있다. 나폴레옹은 피라미드 전투에서는 이겼으나 이집트 원정은 실패했다. 신비한 것은 피라미드만이 아니다. 고대 이집트 문명 자체가 많은 수수께끼를 지닌 신비에 쌓여 있는 문명이다. 그 중에서도 가장 신비한 것이 바로 피라미드이다. 그럴 수밖에 없는 것이 그 옛날에 천문·점성·지질·수학·기하·토목·건축·과학에 이르기까지 모든 학문과 지혜를 총 동원하여 만든 것이 피라미드이기 때문이다.

피라미드는 옆면이 세모꼴이 되도록 돌을 비스듬히 쌓아올려 꼭대기에서 만나도록 하여 전체적으로 정사각뿔 모양이 되도록 만든 석조기념건축물이다. 그러나 피라미드는 고대 이집트 고유의 건

축형태는 아니다. 이러한 형태의 건축물은 수메르·아시리아·바빌론·멕시코 등 지구상의 여러 곳에서 갖가지 이유로 건조되었다. 다만 고대 이집트의 피라미드는 무덤이라는 것이 다른 지역의 피라미드와 다르다.

고대 이집트인들이 피라미드를 정사각뿔 모양으로 만든 것은 구름을 뚫고 내려오는 태양광선을 형상화 한 것이다. 옆면을 경사지게 만든 것은 파라오가 죽으면 영생하기 위해서 하늘로 태양광선을 타고 올라간다는 것을 상징한 것이다. 이처럼 피라미드는 고대 이집트인들의 재생·부활·영생의 사생사관과 태양신 숭배의 종교관의 산물이다. 태양에 대한 신앙이 파라오에 대한 신앙으로 연결되었던 고대 이집트에서는 피라미드는 바로 파라오의 강력한 왕권의 상징이기도 했다.

나폴레옹 스케치

피라미드를 점령한 나폴레옹이 남긴 스케치.

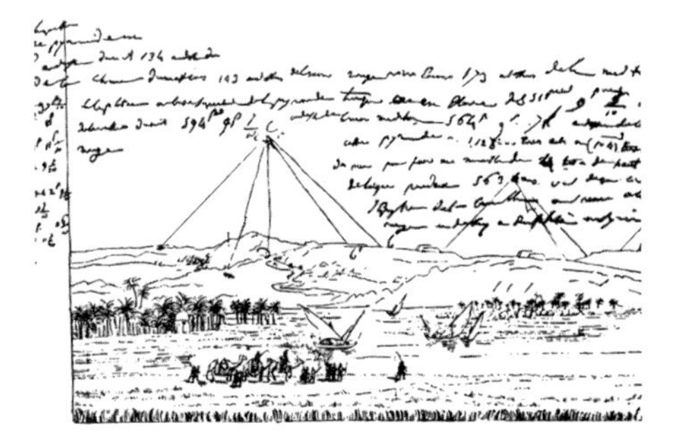

세 피라미드를 세웠을 당시만 해도 이 일대는 황갈색 모래뿐인 사막지대로 피라미드와 그 주변의 무덤 외에는 아무것도 없었다. 7세기 말에 이곳에 마을이 생겼을 때 아랍인들이 「강 건너 있다」는 뜻으로 「기자」라고 이름을 붙였다. 이 때만해도 피라미드에 가려면 배로 나일강을 건너 당나귀를 타고 사막을 가로질러 가야 했다. 아니면 바로 피라미드 아래까지 와있는 운하를 이용하여 배로 갈 수밖에 없었다. 그랬던 기자가 지금은 카이로 교외에 자리한 이집트 최대의 관광지로 변모해있다. 「피라미드」의 원래 이름은 메르Mer였다. 고대 이집트어로 「하늘로 올라간다」는 뜻이며 히에로글리프로는 △으로 표현했다. 피라미드라는 이름은 그리스인들이 늘 먹는 사각뿔 모양의 빵 퓨라미스pyramis와 비슷하다 해서 붙인 이름이다. 4천 5백여 년 전, 까마득한 그 옛날에 이렇게 거대한 석조건축물을 무엇 때문에 그리고 어떻게 만들었는지 궁금하지 않을 수 없다. 그러나 이에 관한 기록이 전혀 없어 고대 이집트 문명의 최대 수수께끼로 남아 있다. 그것이 신비감을 더해주어 피라미드를 더 유명하게 만들고 있다. 그 신비함을 증명이나 하듯이 기원전 2세기 무렵 비잔티움의 수학자 필론이 소개한 「고대 세계 7대 불가사의」 중 유일하게 남아 있는 것이 대피라미드뿐이다.

왜 만들었는지에 관해서는 파라오의 무덤·보물·보관창고·곡물창고·천체관측소·죽은 파라오의 미라의 임시보관소·해시계 심지어는 고대 이집트 이전에 있었을지도 모를 초고대 문명의 유산 따위 여러 설이 있다. 그러나 현재로서는 피라미드는 파라오의 무덤이라는 것이 정설로 되어 있다. 그렇다면 그 많은 돌을 어떻게 운

피라미드 앞의 낙타 탄 이집트인

반해 와서 그렇게 높이 쌓아 올릴 수 있었을까? 여러 설이 있지만, 대략 이러하다. 피라미드는 주로 농한기에 연 10만 명이 넘는 인력을 동원해서 만든 것으로 추정된다. 이들은 노예들이 아니라 숙련된 기술자와 농부들이었다. 돌을 나르기 위해 길을 닦고 나일강 기슭에 부두를 만들고 피라미드를 세울 터를 닦는데 10년, 돌을 캐고 다듬고 운반해 와서 쌓아 올리는데 20년이 걸린 것으로 본다. 제일 먼저 거대한 석조건축물의 무게를 견딜 수 있는 견고한 바위 언덕에 피라미드를 세울 터를 정했다. 그 다음에 별을 보고 네 면이 정확하게 동서남북을 향하도록 기초를 닦았다. 그리고 피라미드의 남동 가까이에 있는 채석장에서 나무나 청동으로 만든 간단한 도구를 사용하여 돌을 캐고 다듬었다. 그 돌들을 삼나무의 열매기름을 부어 만든 길 위로 돌을 실은 통나무로 만든 썰매를 사람이 직접

피라미드 모퉁이의 돌들

밀거나 파피루스로 만든 밧줄로 끌어서 건조 현장까지 운반해왔다.

석회암은 카이로의 모카탐 언덕에서, 피라미드의 겉에 입힌 흰 석회석은 카이로 남부 투라 Tura 에서 가져왔다. 거대한 화강암은 아스완에서 나일의 강물이 불어났을 때 배로 운반해 왔다. 자갈로 만든 완만한 비탈길에 굴림대를 깔고 그 위로 돌을 실은 나무썰매를 끌어 올려서 쌓은 것으로 추정된다. 이렇게 피라미드는 건조되었다고 한다. 그렇지만 과연 그렇게 해서 그토록 높고 큰 석조건축물을 만들 수 있었을까 하는 의문은 여전히 남는다.

왕조시대에 약 140기基의 피라미드가 건조되었다. 대부분이 고왕국시대〈B.C.2650~2180〉에 건조되었다. 그래서 이 시대를 「피라미드 시대」라고 부른다. 피라미드는 왕도 멤피스를 중심으로 남북 90㎞에 이르는 「피라미드 지대」라고 불리는 사막지대에 모여 있다. 이집트에 약 90기의 피라미드가 남아 있는데 37기가 파라오의 피라미드이다. 원래 모습을 유지하고 있는 것이 15기 정도이며 가장 잘 보존되어 있는 것이 기자의 세 피라미드이다.

세 피라미드는 제4왕조의 2대 파라오 쿠푸〈Khufu: B.C.2579~2556〉, 4대 파라오 카프라〈Khafra: B.C.2547~2521〉, 5대 파라오 멘카우라〈Menkaoura: 2514~2486〉의 피라미드이다. 이들 피라미드에는 「해가 뜨고 지는 곳」, 「가장 위대한 곳」, 「가장 신성한 곳」이라는 특유의 이름을 갖고 있다. 각 피라미드는 북동에서 남서로 「기자의 대사선」을 이루며 일직선으로 배치되어 있다. 그 주변에 6개의 작은 왕비의 위성 피라미드를 비롯하여 왕족과 귀족들의 마스타바들이 있고 그 곁에 반인반수半人半獸의 모습을 한 대스핑크스가 피라미드를 지키고 있다.

세 피라미드에서 북서로 조금 떨어진 곳에 「파노라마 포인트」라고 불리는 모래 언덕이 있다. 그곳에 가면 세 피라미드를 한눈에 볼 수 있다. 거기서 대스핑크스까지 낙타나 마차를 타고 사막을 내려가면서 피라미드 남쪽 면의 아름다운 모습을 즐길 수 있다.

피라미드의 관광은 피라미드의 발달 순서를 따라 먼저 이집트 최초의 피라미드인 계단 피라미드, 메이둠의 무너진 피라미드, 다슈르의 최초의 정사각뿔 피라미드인 굽은 피라미드와 붉은 피라미드, 그리고 기자의 세 피라미드를 보는 것이 바람직하다. 그러나 기자의 대피라미드에 들어갈 수 있는 관광객 수를 제한하고 있는데다 피라미드 안이 매우 습하고 무덥다. 그러기 때문에 오전에 세 피라미드를 보고 오후에 나머지 피라미드를 볼 수밖에 없다.

쿠푸의 대피라미드

건축기술의 극치 쿠푸 대피라미드

16

2.5t의 돌 230만개를 210단으로 쌓아 – 4천 5백년 전 건축기술에 압도

기자의 세 피라미드 중 맨 북쪽에 자리한 가장 큰 피라미드가 파라오 쿠푸의 대피라미드Great Pyramid of Khufu이다. 쿠푸는 고왕국 제4왕조의 초대 파라오로 붉은 피라미드와 굽은 피라미드를 만든 스네프루 1세〈Snefru I: B.C.2614~2579〉의 장남이다. 그의 정식 이름은 고대 이집트어로 「크눔 신의 보호를 받은 자」라는 뜻의 크눔쿠푸우Khnomkhufwey였다. 그러나 고대 이집트인들은 이를 줄여서 쿠푸Khufu라고 불렀다. 그리스인들은 케오프스Cheopes라고 불렀다.

쿠푸상 (이집트 박물관)

쿠푸에 대해서는 대피라미드를 세운 파라오라는 것 외에는 나라를 어떻게 다스렸으며 피라미드를 어떻게 만들었는지 알려진 것이 아무것도 없다. 대피라미드가 쿠푸의 피라미드라고 처음으로 기록을 남긴 것은 헤로도토스였다. 그러나 그는 기원전 5세기에 이집트를 여행했을 때 신관에게 들은 것을 기록으로 남겼을 뿐 그것이

쿠푸의 대피라미드
세계에서 가장 오래되고
가장 큰 석조건축물.

쿠푸의 피라미드라는 증거는 제시하지 못했다. 19세기 초, 영국군 장교 하워드 바이스Howard Weiss가 대피라미드의 「중량경감의 방」의 벽에서 쿠푸의 이름이 새겨진 카르투시를 발견함으로서 이것이 쿠푸의 피라미드라는 것이 증명되었다. 쿠푸와 관련해서 유일하게 남아 있는 것은 1903년, 아비도스에서 발견된 높이 7.6㎝의 작은 상아로 만든 쿠푸의 좌상으로 상 이집트의 왕관을 쓰고 있으며 현재 이집트 박물관에서 전시되고 있다.

대피라미드가 건조된 것은 신석기시대가 끝난 직후인 기원전 2550년 무렵이었다. 원래 대피라미드는 그 높이가 146m였으나 꼭대기의 일부가 허물어져 지금은 138m이다. 정 네모 밑바닥의 각 변의 길이가 230m이며 경사 각도가 51°52'으로 2등변 삼각형을 이루고 있어 피라미드는 안정감을 준다.

대피라미드에 사용된 돌의 평균 높이는 50㎝이지만, 사람의 키를 훨씬 넘는 돌들도 많다. 돌 한 개의 무게가 작은 것은 2t, 큰 것은 20t이나 된다. 평균 무게가 2.5t의 돌 230만개를 밑바닥에서 꼭대기까지 210단으로 쌓아올렸다. 그 중 꼭대기의 7단이 무너져 지금은 203단이다. 사용 된 돌의 전체 무게가 약 6백만 t에 이르며 부피가 269만㎥로 지구의 북반구를 43,600분의 1로 줄인 것과 같다. 대피라미드에 사용된 돌을 30㎤로 잘라서 한 줄로 늘어놓으면 지구 둘레의 3분의 2까지 깔 수 있다고 한다.

대피라미드는 웅장하면서도 매우 정밀하게 만들었다. 대피라미드의 기초부분은 2.1㎝ 이내의 오차로 수평을 유지하고 있으며 옆면의 각 방위가 평균 3분 6초의 오차밖에 없을 정도로 정확하게 남북을 향하고 있다. 피라미드의 네 모서리는 정확하게 직각을 이루고 있으며 밑변의 길이는 4.4㎝의 오차 밖에 없다.

피라미디온
피라미드 꼭대기에 얹혀 있던 돌.

대피라미드의 겉은 마치 시멘트로 지은 건물에 타일을 입힌 듯이 전체가 흰 석회암의 화장석마감돌으로 곱게 덮여있었다. 그러나 이슬람 시대에 카이로에 모스크를 짓는데 이 돌을 뜯어다가 사용했기 때문에 지금은 속돌이 들어나 겉면이 돌로 쌓은 계단처럼 되어 있다. 이집트를 지배한 아랍인들은 고대 이집트의 기념건축물에는 아무런 관심이 없었다. 그들에게는 피라미드에 사용된 돌들이 모두 모스크를 짓는데 필요한 건축자재로만 보였다. 꼭대기도 원래는 금을 입힌 피라미디온이 있어 뾰족했으나 떨어져 나가고 지금은 평평하다. 맨 꼭대기에 보이는 피뢰침 같은 것은 대피라미드의 원래의 높이를 나타내기 위해 세워둔 나무막대기이다.

대피라미드의 내부에는 「지하 방」·「왕비 방」·「왕의 방」·「중량경감의 방」과 큰 복도·통로·환기통으로 구성되어 있다. 구조가 매우 복잡하다. 북면 중앙에서 약간 동쪽 지상 17m에 본래의 입구가 있다. 지금은 큰 돌로 막아놓아 드나들 수 없다. 그 오른쪽 아래에 현재 사용 중인 입구가 있다. 이 입구는 9세기 아바스왕조[25]〈Abbasids: 750~1258〉의 칼리프 알-마문〈Al-Mamun: 786~833〉이 대피라미드를 도굴하기 위해 뚫은 문이다. 그는 『아라비안나이트』에 등장하는 아바스왕조의 칼리프 하룬 알-라시드〈Hārūn al-Rashīd: 763~809〉의 아들이다.

알 마문의 입구를 지나 좁은 통로를 조금 내려가면 계속 내려가는 통로와 올라가는 통로 갈라진다. 그대로 계속 내려가면 「지하 방」이 나온다. 올라가는 통로는 도중에 좌우로 갈라져 오른쪽으로 가면 「왕비의 방」이 나오고 왼쪽으로 가면 높이 8m, 폭 2m의 계단으로 된 넓은 통로로 이어진다. 이 계단을 40m쯤 올라가면 「왕의 방」이라고 불리는 널방이 나온다. 지상 42m에 있는 이 널방은 대피라미드의 중앙에 위치해 있다.

「왕의 방」은 바닥에 평평한 돌이 깔려있고 서쪽 벽 앞에 뚜껑이 없는 붉은 석관만이 놓여있다. 아스완의 화강암으로 만든 이 석관에 파라오 쿠푸의 미라가 안치되었던 것으로 보인다. 천장은 무게 50t의 화강암 판자 9장으로 덮여있고 그 위에 「중량경감의 방」이 있다. 이것은 이름 그대로 「왕의 방」에 걸리는 돌의 무게를 줄이기 위해 만들어 놓은 공간이다. 그 밖에도 피라미드 전체에 걸

---

25) 우마이야 왕조의 뒤를 이어 750~1258년에 동방 이슬람 세계를 지배한 칼리프 왕조.

낙타와 이집트 소년
(기자 피라미드 앞)

리는 무게의 압력을 분산하기 위해 피라미드 속에 구조 벽을 만들어 놓았다. 대피라미드 속에 이와 같은 공간과 내부 벽을 만들어 놓은 고대 이집트인들의 뛰어난 설계 지혜와 건축기술에 탄복하지 않을 수 없다.

「왕의 방」에는 남쪽과 북쪽 벽에 두 개의 작은 공기구멍이 있어 내부 온도가 섭씨 20°가 되도록 유지해주고 있다. 고대 이집트인들은 이 구멍을 통해 죽은 파라오의 혼이 드나들었다고 믿었다. 피라미드 내의 방과 큰 복도는 아스완에서 가져온 붉은 화강암으로 만들었다. 고대 이집트인들은 매우 견고하고 붉은 색깔을 띠고 있는 화강암을 태양신과 밀접한 관계가 있다고 생각했다. 그래서 이 돌을 비석, 석관, 오벨리스크 따위 종교 기념물에 많이 사용했다.

대피라미드 안에 볼만한 것이라고는 아무 것도 없다. 고대 이집트의 무덤에서 흔히 볼 수 있는 벽화나 돌새김도 없다. 마치 미로와도 같은 좁은 통로를 따라다니다 보면 무덥고 호흡이 곤란해질 뿐이다. 피라미드 안에 들어가 봤다는 것으로 만족해야 한다. 이전에는 관광객들이 피라미드 꼭대기까지 올라갔다. 그러나 피라미드의 경사가 가파르고 위로 올라갈수록 바람이 세어 사고가 자주 일어나기 때문에 지금은 금지하고 있다.

초기의 피라미드 관광의 모습
피라미드 모서리를 타고 올라가는 이슬람인들.(1850년대)

대피라미드의 남동 모퉁이 부근에 작은 위성 피라미드가 3기 있다. 쿠푸의 어머니 헤테페레스Hetepheres와 왕비 헤누트센Henutsen의 피라미드이다. 그 밖에 주변에 벽화와 조각들이 있는 귀족들의 마스터바석실무덤들이 있다. 쿠푸의 피라미드는 피라미드만이 홀로 있는 것같이 보이지만, 원래는 피라미드의 동쪽에 장제전이 있었고 북동쪽에는 하안신전Valley Temple이 있었다. 그 사이를 길이 835m의 참배 길로 연결하여 전체적으로 피라미드 복합체Pyramid Complex를 이루었다. 지금은 모두 파손되어 없어지고 그 흔적만 남아 있다.

대피라미드 출입문 위가 원래의 문, 아래가 현재 사용 중인 출입구.

멘카우라 피라미드

이집트의 신데렐라 멘카우라 피라미드

17

신발에 얽힌 아름다운 사랑 이야기-아름다운 카프라 피라미드

기자의 세 피라미드 중 가운데 있는 아름다운 피라미드가 파라오 카프라의 피라미드 Pyramid of Khafra 이다. 카프라는 고대 이집트어로 「태양신 라의 영광 속에 태어난 자」라는 뜻이다. 그는 쿠푸의 손자로 그리스인들은 케프렌 Chephren 이라고 불렀다. 쿠푸의 아들인 3대 파라오 라제데프 Radjedef 의 피라미드는 기자의 북으로 8㎞ 떨어진 아부 라와시 Abu Rawash 의 천연의 언덕에 미완성 상태로 남아 있다.

카프라상 (이집트 박물관)

카프라 피라미드는 높이가 137m며 밑변의 길이가 각각 216m이다. 쿠푸의 대피라미드 보다 약간 작다. 그런데도 꼭대기의 보존 상태가 좋고 밑바닥의 지대가 약간 높아 멀리서 보면 세 피라미드 중에서 가장 높게 보인다. 피라미드의 겉은 맨 아래는 화강암으로 그 밖은 흰 석회암으로 된 화장석으로 아름답게 덮혀있었다. 그러나 대부분의 화장석을 14세기에 카이로의 술탄 하산 모스크를 짓는

카프라 피라미드
꼭대기에 화장석이 남아 있는 가장 아름다운 피라미드.

데 뜯어가 버렸기 때문에 지금은 그 꼭대기에 일부가 남아 있다.

이 피라미드는 내부구조가 매우 단순하다. 다만 피라미드 북쪽 면의 지상 3m와 12m에 두 개의 입구가 있다. 19세기 초에 이탈리아인 조반니 벨초니(G.V.Belzoni: 1778~1823)가 발견한 지상 12m의 입구를 지나 통로를 내려가면 수평통로로 이어지는데 그 끝에 널방이 있다. 널방에는 붉은 색 화강암으로 만든 길이 2m, 폭 1m의 석관이 남아 있다. 피라미드의 동쪽에 장제전이 있었고 그 아래 아스완에서 가져온 화강암으로 만든 하안신전이 450m의 참배 길로 연결되어 있었다. 장제전은 그 흔적만 남아있다. 하안신전은 16개의 기둥이 남아 있는데 그나마 현재 이집트에 남아 있는 유일한 하안신전 유적이다. 하안 신전에 사용된 돌 가운데 무게가 100t이 넘는 것도 있다.

당시에는 피라미드가 서 있는 언덕 바로 아래까지 나일의 강물이 운하를 통해 들어왔다. 하안신전에는 섬록암閃綠岩으로 만든 카프라의 좌상 23체가 나란히 안치되어 있었다. 이 좌상은 뒷머리에 매의 신 호루스가 날개를 펴서 파라오를 지키는 모습을 하고 있다. 모두 없어지고 좌상 한 체만이 현재 이집트 박물관에 전시되고 있다. 이 좌상은 파라오의 힘과 신의 힘을 이상적으로 결합시켜 표현한 것이다. 하안신전 옆에 대스핑크스가 있고 그 곁에 스핑크스 신전의 터가 남아있다.

기자의 세 피라미드 중 맨 남서에 있는 가장 작은 피라미드가 파라오 멘카우라의 피라미드Pyramid of Menkaura이다. 그는 카프라의 아들로 그리스인들이 미케리누스Mycerinus라고 불렀다. 높이 65m, 밑변 길이 가로 102m, 세로 103m의 아담한 이 피라미드는 장제전과 참배 길과 하안신전이 함께 있어 피라미드 복합체를 이루었으나 지금은 피라미드만 남아 있다.

멘카우라 피라미드에는 「이집트의 신데렐라」라고 불리는 전설이 전해 오고 있다. 전 세계의 어린이들의 가슴을 설레게 하는 프랑스의 동화 작가 샤를 페로〈Charles Perrault: 1628~1703〉의 유리 구두에 얽힌 신데렐라Cinderella 이야기는 어쩌면 고대 이집트의 전설에서 유래된 것이 아닐까. 전설에 따르면 이야기는 이러하다.

옛날 이집트의 어느 마을에 금발에 장미 빛 볼을 가진 아리따운 소녀가 있었다. 어느 화창한 봄날 이 소녀는 강변의 갈대숲에서 멱을 감고 있었다. 그 때 독수리가 날아와서 강변에 벗어놓은 소녀의

피라미드와 사막과 낙타

어여쁜 빨강 신발을 물고 멀리 멤피스까지 날아가 버렸다. 너무 멀리 날아온 독수리는 지쳐서 그만 신발을 떨어뜨리고 말았는데 때마침 숲을 거닐고 있던 파라오에게 떨어졌다. 파라오는 깜짝 놀랐으나 신발이 너무 예뻐 그 주인공을 찾아 헤매다가 그 소녀를 찾았다. 파라오는 소녀의 아름다움에 반해 결국 사랑에 빠지고 말았다. 훗날 그 소녀는 파라오와 결혼하여 왕비가 되었다. 그러나 왕비는 얼마 못가서 병을 얻어 죽고 말았다. 슬픔에 잠긴 파라오는 죽은 왕비를 위해 작고 아담한 석조기념물을 만들었다. 그것이 바로 멘카우라의 아담한 피라미드라는 이야기이다.

아담한 소녀다운 모습의 멘카우라의 피라미드에 어울리는 전설이다. 이집트인들은 지금도 이따금 그 소녀가 해질 무렵이면 멘카우라 피라미드 근처에 나타난다고 믿고 있다.

이 피라미드는 그 표면이 핑크색 화강암으로 된 화장석으로 덮여 있어 매우 아름다웠다. 그런데 19세기 초, 총독 무함마드 알리가 화장석을 뜯어다가 알렉산드리아에 무기창고를 짓는데 써버려 지금 같은 겉모습이 되었다. 북쪽 면에 있는 입구에 들어서면 지하 6m되는 곳에 널방이 있다. 이곳에서 발견된 현무암 석관은 영국으로 운반 하던 도중에 선박이 난파하여 스페인 근처의 바다에 빠져 버렸다. 피라미드와 함께 장제전이 있었으나 지금은 흔적조차 없다. 멘카우라 피라미드의 남쪽에 세 개의 작은 위성 피라미드가 있다.

파라오 스네프루에 이어 쿠푸와 카프라가 거대한 피라미드를 잇달아 지었기 때문에 재정난에 부딪쳐 멘카우라의 피라미드는 크게 지을 수 없었다. 중왕국시대에 들어와서도 피라미드는 계속 건조되었다. 그러나 이 시대의 피라미드는 작게 그것도 돌 대신에 햇볕에 말린 진흙 벽돌로 건조했다. 신왕국시대에 들어와서는 피라미드 대신 파라오의 무덤은 사막 계곡의 바위를 파서 만든 암굴무덤으로 바뀌었다. 피라미드가 쇠퇴하면서 장제전과 하안신전이 커졌다. 이것이 다시 신전으로 바뀌어 신왕국시 대에는 거대한 신전이 건설되었다.❋

쿠푸의 태양선 세계에서 가장 오래된 목조선

하늘 배 쿠푸의 태양선

18

죽은 사람은 영생을 위해 하늘의 나일강을 건너야 했다.

이집트 신화에 따르면 나일강은 하늘에도, 지상에도, 지하에도 있었다. 고대 이집트인들은 하늘의 나일강에서 땅의 나일강으로 흐르는 강이 하늘에서 내리는 비라고 생각했다. 태양신 라는 매일 낮에는「수 백 만년 영속되는 배」라고 불린 낮의 태양선 맘제트Mamdjet를 타고 하늘의 나일강을 동에서 서로 여행했다. 밤에는 밤의 태양선 메스케트Mesket를 타고 신 오시리스가 지배하는 지하에 있는 명계의 나일강을 서에서 동으로 여행했다. 이렇게 태양신 라는 밤낮으로 여행을 계속하면서 낮에는 햇빛을 비춰 만물을 자라게 하여 산 사람들에게 안정된 삶을 가져다주었다. 밤에는 명계에서 어둠에 시달리고 있는 죽은 사람들에게 희망의 빛을 비춰 재생·부활하여 내세에서 영생할 수 있도록 도왔다.

해체상태의 태양선

낮의 여행을 마치고 곧 바로 밤의 어둡고 음침한 명계에서의 여행을 계속하다 보면 태양신 라도 늙고 나약해져 죽고 만다. 그 때

부활의 신 케프리가 태양신 라를 재생시켜 늙은 태양신이 어린 태양신으로 다시 태어나 다음 날 아침에 동쪽 하늘에 나타난다고 고대 이집트인들은 믿었다. 태양신 라는 이러한 여행을 매일 반복했다. 죽어서 하늘로 올라가 오시리스 신이 된 파라오도 태양신의 여행에 동행했다.

1954년, 대피라미드 근처의 모래 속에서 다섯 척의 태양선Solar Bark이 발견되었다. 그중 한 척을 복원하여 쿠푸 피라미드 곁에 세운 「하얀 궁전」이라고 불리는 태양선 박물관Cheops Boat Museum에서 전시하고 있다. 4척은 아직 땅에 묻혀 있다.

죽은 자가 재생·부활하여 영생하기 위해서는 하늘의 나일강을 건너야 했다. 그런데 내세에서 배를 구하기가 힘들다고 생각했던 고대 이집트인들은 무덤 속이나 그 근처에 나무나 돌로 모형 배를 만들어 묻었다. 또한 신전의 성소 앞에 성선聖船을 만들어 두고 큰 축제나 종교행렬 때 신상神像을 운반하는데 사용했다. 이 태양선도 그래서 피라미드 근처에 묻었던 것으로 보고 있다. 한편 파라오 쿠푸가 죽은 후에 이 태양선을 이용하여 그의 미라를 멤피스에서 기자의 하안신전까지 운반해오는데 실제로 사용했던 태양선으로 보기도 한다.

이 태양선은 세계에서 가장 오래된 목조선으로 성서 구약에 나오는 솔로몬의 왕궁을 지을 때 사용했던 바로 레바논의 삼나무로 만들었다. 길이 43m, 폭 6m, 높이 7.9m에 무게가 45t이나 된다. 이 태양선은 대피라미드 옆의 큰 지하구덩이에 1224개로 해체된 채로 몇 천 년 동안 묻혀있었다. 그중 한 척을 14년 걸려서 복원했다. 우

태양선 박물관(쿠푸 피라미드 뒤)

주센터처럼 피라미드와 어울리지 않은 모양을 한 이 박물관은 목조선이 발굴된 구덩이 위에 서 있다. 박물관 안에 발굴 당시의 모습이 사진으로 전시되어 있고 태양선이 묻혔던 구덩이도 볼 수 있다.

대스핑크스 (기자)

이집트의 얼굴 대스핑크스

19

사자의 몸에 사람의 얼굴을 한 피라미드의 수호신

쿠푸와 카프라의 피라미드 사이를 지나 동으로 뻗어있는 비탈길을 300m쯤 내려가면, 바위 언덕에 늠름하게 앉아 있는 대스핑크스Great Sphinx를 만난다. 거대한 사자의 몸에 사람의 얼굴을 가진 이 스핑크스는 세계에서 가장 큰 석조조각으로 파라오와 신의 힘을 사자의 강한 모습으로 표현한 것이다. 대스핑크스는 정확하게 동서를 향해 앉아 있으나 눈은 해가 뜨는 동을 응시하고 있다. 오래 동안 모래 속에 묻혀있던 것을 20세기 초에 발굴했다. 머리에는 파라오를 상징하는 두건을 쓰고 턱에는 파라오처럼 수염을 달고 있었으나 수염은 떨어져 나가 지금은 없다.

카프라 피라미드와 대스핑크스

고대 이집트인들은「파라오의 살아 있는 모습」이라는 뜻으로 스핑크스를 쉐세프 앙크Shesep ankh라고 불렀다. 왠지 모르게 무섭고 불안하게 느꼈던지 아랍인들은 아엘 홀Abu al-Haul 즉「공포의 아버지」라고 불렀다. 스핑크스라는 이름은「사람과 사자가 하나로

쿠푸 피라미드와 대스핑크스

합친 모습을 한 신화에 나오는 동물」을 가리키는 그리스어 스핑크 sphink에서 유래되었다.

대스핑크스는 파라오 카프라가 피라미드를 건조하면서 만든 것으로 모래언덕에 있는 거대한 석회암을 깎아서 만들었으며 붉은 황토색으로 채색되어 있었다. 엎드린 개와 같은 모습으로 앉아 있는 대스핑크스는 몸의 길이가 73m에 높이 22m이며 얼굴 폭이 4m에 귀의 길이 1.4m, 입의 길이 2.3m, 코의 길이 1.7m이다. 머리 부분이 실물보다 10배 크고 동체는 22배가 크다. 머리에는 왕관을 쓰고 있었고 앞이마에는 왕권을 상징하는 코브라가 새겨져 있었으나 모두 없어졌다. 더욱이 대스핑크스는 얼굴의 코 부분이 망가져있고 턱수염이 떨어져 나가고 없다. 나폴레옹이 이집트에 원정 왔을 때 병사들이 스핑크스의 얼굴에 대포를 쏘아서 망가졌다고도 하고 혹은 코가 없으면 부활할 수 없다는 고대 이집트의 전설을 들은 이슬람군이 망가뜨린 것이라고도 한다. 나폴레옹의 이집트 조사단이 떨어져 나간 턱의 수염 조각을 대스핑크스 근처에서 발견했지만, 로제타 스톤과 함께 영국군에 넘겨주어 지금은 런던의 대영박물관이 소장하고 있다. 대스핑크스 옆 지하에 스핑크스 신전Sphinx Temple이 있었으나 지금은 그 터만 남아 있다.

대스핑크스에 얽힌 전설들이 많다. 그 중 하나가 제18왕조의 투트메스 4세〈Tuthmose IV: B.C.1397~1388〉가 꿈의 계시를 받고 파라오가 되었다는 전설이다. 이 전설에 따르면 그가 왕자시절에 사막에 사냥을 갔다가 잠깐 잠이 들었다. 그런데 별안간 꿈에 스핑크스가 나타나 「모래에 묻혀 숨 막혀 죽을 지경인 나를 꺼내주면 파라오가 되도록 해 주겠다」고 했다. 파라오가 된다는 말에 깜짝 놀라 깨어보니 꿈이었다. 그는 바로 주변의 모래를 파서 스핑크스를 꺼내주었다. 그 후에 파라오로 즉위할 서열이 아닌데도 그는 파라오가 되었다. 이때부터 대스핑크스는 「지평선의 호루스」 신 하르마키스Harmakhis가 되었으며 대스핑크스 옆에 신전을 만들어 매년 성대하게 축제를 열었다. 투트메스 4세의 꿈의 전설을 새긴 붉은 화강암으로 만든 「꿈의 비석」이 대스핑크스의 앞다리 사이에 서 있다.

대스핑크스

원래 스핑크스는 동물의 왕인 사자를 숭배하면서 생겨난 것으로 고대 이집트에서 신성한 존재로 여겼다. 적을 무찌르는 힘이 있어 신이나 파라오의 수호자였다. 신왕국 이후에는 국가최고신 아멘의 신수인 숫양의 머리를 가진 스핑크스가 건조되어 신전의 수호자로서 신전 앞에 안치되었다.

대스핑크스

그리스 신화에서는 스핑크스가 여자 괴물로 등장한다. 신화에 따르면 듀퐁과 에키드나와의 사이에서 태어난 스핑크스는 자연의 여신 헤라의 명령으로 테바이에 있는 바위 산 부근에서 살았다. 거기서 스핑크스는 지나가는 사람에게 「아침에는 네 다리, 낮에는 두 다리, 밤에는 세 다리로 걷는 짐승이 무엇이냐」라는 이른바 「스핑크스의 수수께끼」를 냈다. 이것을 풀지 못한 사람은 스핑크스가 잡아먹어 버렸다. 테바이의 왕도 이에 도전했다가 풀지 못해 죽고 말았다. 이처럼 스핑크스는 사람들을 괴롭혔다. 그런데 용감한 젊은 오이디푸스Oidipous가 나타나 「그것은 사람이다」라고 대답했다. 그가 슬기롭게 수수께끼를 풀자 스핑크스는 굴욕감을 이기지 못해 스스로 목숨을 끊고 말았다는 전설이다. 왜 사람이 정답이냐 하면 사람은 인생의 아침 즉 어릴 때 네 발로 기어 다니다가 자라서 인생의 낮 즉 장년이 되면 두 발로 걸어 다니고 인생의 밤 즉 늙으면 지팡이를 짚고 세 발로 걸어 다니기 때문이다. 이 그리스의 스핑크스의 수수께끼는 호메로스의 〈오디세이아〉에도 나올 만큼 유명한 에피소드로 알려져 있다.

기자의 대스핑크스는 오랜 세월 온갖 풍상을 겪었지만, 지금까지 잘 보존되어 왔다. 그런데 현재 대스핑크스의 머리가 떨어질 위험이 있어 이집트 정부가 골머리를 앓고 있다. 아스완 하이 댐이 그 원인이다. 댐의 영향으로 지하수의 수위가 높아지면서 지표에 있던 염분이 모세관 현상으로 대스핑크스의 몸의 갈라진 틈새로 그전보다 더 많이 올라오고 있다. 그런데 수분은 증발되어버리고 염분의 덩어리가 남아서 스핑크스의 갈라진 곳을 더욱 갈라놓고 있다는 것이다. 그러다보니 무거운 머리 부분이 떨어질 위험이 커진 것이다. 1980년대 말에 대스핑크스의 어깨 부분의 일부가 떨어져 내려 전 세계를 놀라게 한 적이 있었다.

지금은 관광객들이 스핑크스의 어깨 위에 올라가서 사진을 찍기까지 하지만, 언젠가는 철책이 쳐지고 출입이 금지되어 그 밖에서 볼 수밖에 없는 때가 올 것이다.

기자의 피라미드는 해가 뜨는 새벽이나 해가 지는 저녁 무렵처럼 시간에 따라 변하는 피라미드의 경관을 근처의 호텔에 묵으면서 보는 것도 이집트 여행에 있어서 또 하나의 즐거움이 된다. 호텔에

사막 속의 대스핑크스

묵지 않더라도 해질 무렵에 피라미드 근처의 식당에서 식사하면서 붉게 물든 노을 속에 우뚝 서 있는 피라미드를 보는 것을 잊지 말아야 한다. 어둠이 깊어질수록 피라미드는 더욱 높이 보이고 신비해 보인다. 특히 달빛 아래 서 있는 피라미드는 낮과는 또 다른 느낌을 준다. 밤의 피라미드는 신비스럽다.

대스핑크스 앞의 상설무대에서 매일 밤 「빛과 소리의 향연」이 열린다. 캄캄한 밤하늘과 사막 속에서 레이저 빛이 오색찬란하게 비치면서 환상적으로 떠올라오는 세 피라미드와 대스핑크스. 신비에 가득 찬 목소리로 이집트의 역사, 피라미드와 스핑크스에 대한 이야기를 해주고 로제타 스톤과 히에로글리프에 대해 설명해 준다. 하루 3번 요일별 시간별로 영어를 포함하여 7개 국어로 설명한다.

달빛 속의 카프라 피라미드

그 속에는 일본어까지 포함되어 있는데 한국 관광객이 적은 탓인지 우리말 설명이 포함되어 있지 않는 것이 아쉽다.

이곳에서 피라미드를 배경으로 가설된 임시무대에서 오페라 「아이다Aida」가 몇 년에 한 번씩 공연된다. 오페라 「아이다」는 총독 이스마일의 요청으로 1869년 수에즈 운하의 개통과 카이로 오페라 극장의 개관을 기념하여 만든 것이다. 이집트 고고학 박물관의 초대 관장 오귀스트 마리에트가 시나리오를 쓰고 이탈리아 작곡가 베르디〈Verdi: 1813~1901〉가 작곡했다. 이것은 에티오피아와의 싸움에서 이집트의 젊은 장군 라다메스Radames와 포로가 된 적국의 왕녀 아이다와의 비극적인 사랑의 이야기이다. 1871년 12월 카이로의 오페라하우스에서 이스마일이 참석한 가운데 「아이다」가 초연되었다.

계단 피라미드 (사카라)

MEMPHIS

V. 하늘에 오르는 계단
멤피스

낙타 산책 (피라미드지대)

죽은 자의 땅 네크로폴리스

20

기자에서 메이둠까지 세계 최대의 공동묘지

고대 이집트인들은 해가 뜨는 나일강의 동안을 「산 자의 땅」으로 아크로폴리스[26] acropolis라고 불렀으며 그곳에 왕궁과 신전을 지었다. 해가 지는 나일강의 서안은 「죽은 자의 땅」으로 네크로폴리스[27] necropolis라고 불렀으며 그곳에 무덤과 장제전을 두었다.

람세스 2세 머리상

카이로에서 남서 25㎞, 기자의 세 피라미드를 지나 나일강을 남으로 조금 거슬러 올라가면 고대 이집트 왕조의 첫 왕도 멤피스Memphis에 이른다. 멤피스를 중심으로 남북으로 90㎞에 이르는 사막지대가 「피라미드 지대Pyramid Fields」라고 불리는 세계에서 가장 큰 공동묘지 네크로폴리스이다. 이 일대에 피라미드를 비롯하여 왕

26) 산 사람生存者의 도시라는 뜻. 고대 그리스의 도시에서 가장 높은데 자리한 중심지역.
27) 그리스어로 죽은 자死者의 도시라는 뜻. 그리스·로마시대에 도시 근처에 있던 공동묘지ksems 지역.

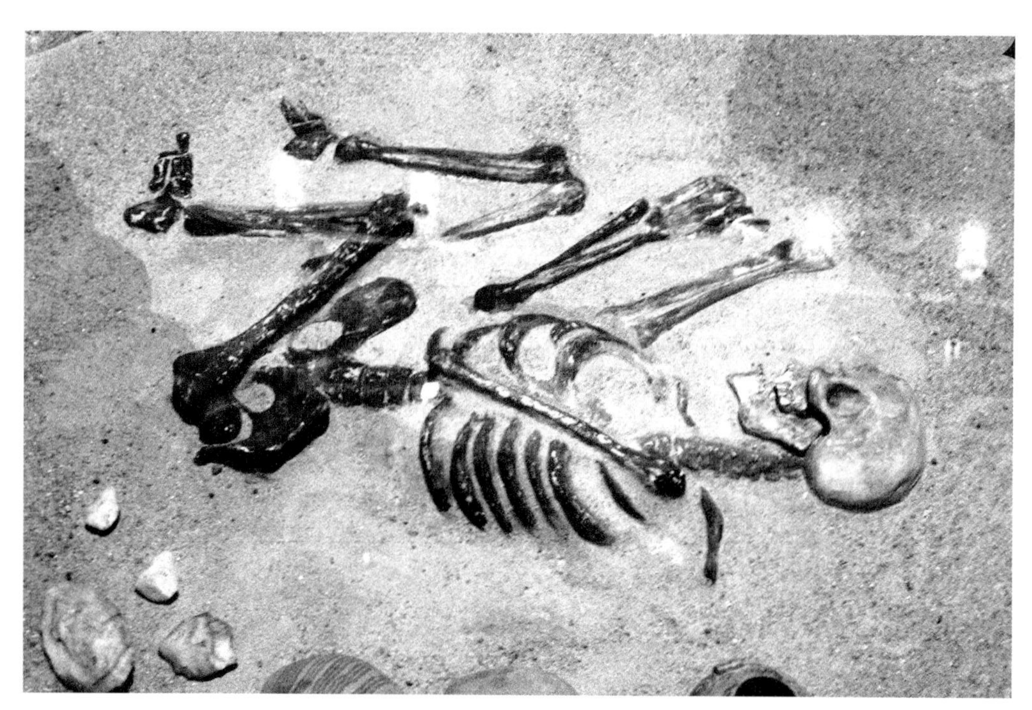

선사시대의 무덤
사막에 구덩이를 파서 묻은 유해가 자연 미라가 됐음.

비, 왕족, 귀족들의 무덤들이 산재해 있으며 1972년, 유네스코가 세계문화유산으로 지정했다.

멤피스를 중심으로 서쪽에는 이집트 최초의 피라미드인 계단 피라미드로 유명한 사카라, 북쪽에는 태양신전 유적이 있는 아부시르와 세 피라미드로 유명한 기자, 남쪽에는 굽은 피라미드와 붉은 피라미드가 있는 다슈르 그리고 무너진 피라미드가 있는 메이둠이 있다.

고대 이집트인들은 죽은 뒤에 재생·부활하여 내세에서 영생을 한다고 믿었다. 그래서 그들에게는 내세에서 살 집이 필요했다. 그것이 죽은 자의 영원한 안식처인 무덤이었다. 그들은 처음에는 내세가 하늘에 있다고 믿었고, 나중에는 서쪽 사막너머에 있다고 믿었다. 그래서 나일강 서안의 농경지대가 끝나고 사막이 시작되는 경계에 무덤을 만들고 이것을 내세로 가는 기점으로 삼았다. 무덤은 오래 보존될 수 있도록 돌로 만들었다. 내세에서도 현세와 똑같은 생활을 할 수 있도록 무덤은 생전에 살던 집과 유사하게 지었다. 그리고 그 안에 응접실, 거실, 침실, 널방을 두고 여러 부장품을 함께 묻었다.

고대의 무덤은 선사시대에는 사람이 죽으면 사막의 모래를 파서 구덩이를 만들고 간단한 부장품과 함께 유해를 묻었다. 유해는 건조한 기후로 인해 자연히 미라가 되었다. 왕조시대의 초기에는 위가 평평한 직사각 모양의 무덤을 만들고 그 지하에 유해를 안치했다. 이 무덤의 겉모양이 등받이가 없는 긴 의자와 비슷하다 해서 아랍어로 마스타바Mastaba라고 불렀다. 이것은 지하에 널방이 있고 지상에 제사를 지내는 예배실이 있는 직사각모양의 무덤 집이었다. 죽은 사람이 생전에 살던 집과 유사한 모양으로 지었다. 마스타바는 햇볕에 말린 진흙벽돌로 만들었기 때문에 풍화되어 대부분이 없어졌다. 현재 남아 있는 중에 가장 오래된 것이 사카라에 있는 제1왕조의 파라오 아하〈Aha: BC3000~2975〉의 마스타바이다.

고왕국시대의 초기에는 파라오의 무덤은 돌로 만든 마스타바를 몇 개 쌓아 올려 미완성된 피라미드 모양으로 만들었다. 대표적인 것이 사카라의 계단 피라미드이다. 그 후 파라오의 무덤은 사각뿔 모양의 피라미드로 발전했다. 다슈르에 있는 굽은 피라미드와 붉은 피라미드가 최초의 사각뿔 모양의 피라미드이다.

풍화된 마스타바
피라미드 이전의 고대 이집트 무덤.

뒤이어 다슈르의 붉은 피라미드처럼 정사각뿔 모양의 피라미드가 건조되었는데 그 대표적인 것이 기자의 세 피라미드이다. 피라미드의 건조는 고왕국의 제4왕조시대에 절정을 이루었다. 돌로 만든 거대한 파라오의 무덤 피라미드가 등장하면서 마스타바는 왕족과 귀족의 무덤이 되었다.

중왕국시대에도 피라미드는 계속 건조되었다. 그렇지만 그 규모가 작아지고 돌 대신에 주로 햇볕에 말린 진흙 벽돌로 만들었다. 신왕국시대에는 막대한 재정 부담과 오랜 시간이 소요되는 피라미드 대신에 암굴무덤으로 바뀌었다. 대표적인 것이 룩소르의 나일강 서안에 있는 왕들의 계곡에 있는 파라오의 무덤으로 사막의 바위계곡에 굴을 파서 암굴무덤을 만들었다.

이 시대의 특징은 피라미드와 장제전이 함께 있는 피라미드복합체를 이루지 않고 장제전이 무덤과 떨어져 있었다. 이는 도굴을 방지하기 위해 무덤의 위치를 못 찾게 하는데 목적이 있었다.❋

아멘호테프 2세 스핑크스 (조각 공원-멤피스)

사라진 옛 왕도 멤피스

21

대추야자나무가 우거진 쓸쓸한 농촌마을로 변모

흰 성벽의 도시 멤피스Memphis, 상·하 이집트의 경계선에 세운 왕조시대의 첫 왕도로 초기왕조와 고왕국 시대의 정치·경제·문화·종교의 중심지였다. 4천 1백여 년 전, 고왕국이 끝나고 중왕국이 시작되면서 왕도는 멤피스에서 테베지금의 룩소르로 옮아갔다. 그 후에도 멤피스는 파라오의 대관식을 거행하는 등 고대 이집트 왕조의 정신적 왕도로서 그 지위를 유지했다.

조각상 (조각 공원-멤피스)

멤피스의 옛 이름은 고대 이집트어로 「피라미드의 아름다움은 영원하다」라는 뜻으로 사카라의 남부에 있는 고왕국 제6왕조의 페피 1세의 피라미드의 이름인 멘네페르Mennefer에서 유래되었다. 그 밖에도 「흰 성벽」이라는 뜻의 이넵헤즈Inebhedj, 상·하 두 이집트의 지배를 상징한 「두 땅의 생명」이라는 뜻의 앙크 타위Ankh Taui라고도 불리었다. 멤피스는 그리스인들이 붙인 이름이며 지금의 이름은 아랍어로 미트 라히나Mit Rahina이다.

멤피스는 창조신 프타Ptah 신앙의 중심지였다. 프타는 고대 이집트어로 「우주의 건설 자」라는 뜻이다. 그는 등에 육체적인 안녕을 상징하는 메나트Menat를 메고 손에는 삶과 안정을 상징하는 제드Djed장식의 지팡이를 들고 머리를 깎은 미라 모습으로 표현되었다. 멤피스의 신수神獸는 황소 아피스[28] Apis였다. 멤피스에는 헬리오폴리스와 별도로 프타를 중심으로 한 천지창조 신화가 있었다. 이 신화에 따르면 프타가 그의 혀와 말로 아툼을 비롯하여 헬리오폴리스의 아홉 신을 만들어 천지를 창조했으며 태양신 라의 눈물로 인간을 창조한 것으로 전해지고 있다. 왕도 멤피스에는 왕궁과 프타 신전이 있었다. 지금은 대추야자나무 숲 속에 그 흔적만 남아 있지만, 룩소르 동안에 있는 카르나크의 아멘 대신전에 버금가는 큰 규모의 신전이 있었다. 람세스 2세의 넷째 왕자로 대사제였던 카엠와세트Khaemwaset가 아버지 람세스 2세를 위해 세운 것이다.

4세기 초 로마황제 콘스탄티누스 1세〈Constantinus I: 280~337〉가 그리스도교를 로마 국교로 공인밀라노 칙령한데 이어 4세기 말 황제 데오도시우스 1세〈Theodosianus I: 379~ 395〉가 그리스도교 이외의 모든 종교의 신앙을 금지시켰다. 이때 멤피스의 프타 신전도 파괴되었다. 그나마 일부 남아 있던 신전과 왕궁은 13세기에 있었던 심한 홍수로 나일강의 둑이 무너져 진흙 속에 파묻히고 말았다. 그 뒤로 멤피스는 농촌으로 변했고 지금은 프타 신전의 빈터만이 쓸쓸히 남아있다.

28) 멤피스의 창조신 프타의 신수로 멤피스의 황소 신. 고뿔 사이에 태양의 원반과 코브라 부적을 단 모습으로 표현. 무덤이 사카라에 있음.

멤피스의 스핑크스

그런데도 멤피스에 많은 관광객들이 끊임없이 찾아 오는 이유는 오직 하나, 신왕국의 위대한 파라오 람세스 2세의 거상을 보기 위해서이다. 이 거상은 프타 신전 유적의 입구에 있는 조그마한 조각 박물관에 누워있다. 3천 4백여 년 전에 람세스 2세가 프타 신전을 확장하면서 만든 것으로 신전 앞에 두 개의 거상이 있었는데 하나가 이곳에 누워있고 다른 하나는 카이로의 람세스 중앙역 앞 광장에 서 있었다. 역 앞의 거상은 높이 11.5m, 무게 83t으로 1954년 나세르 대통령이 이민족의 침략을 극복하고 영광스러운 이집트를 다시 찾은 기념으로 옮겨 갔다. 그러나 2006년에 이 거상은 대기오염으로 파손되는 것을 피하기 위해 역 광장에서 기자의 피라미드 근

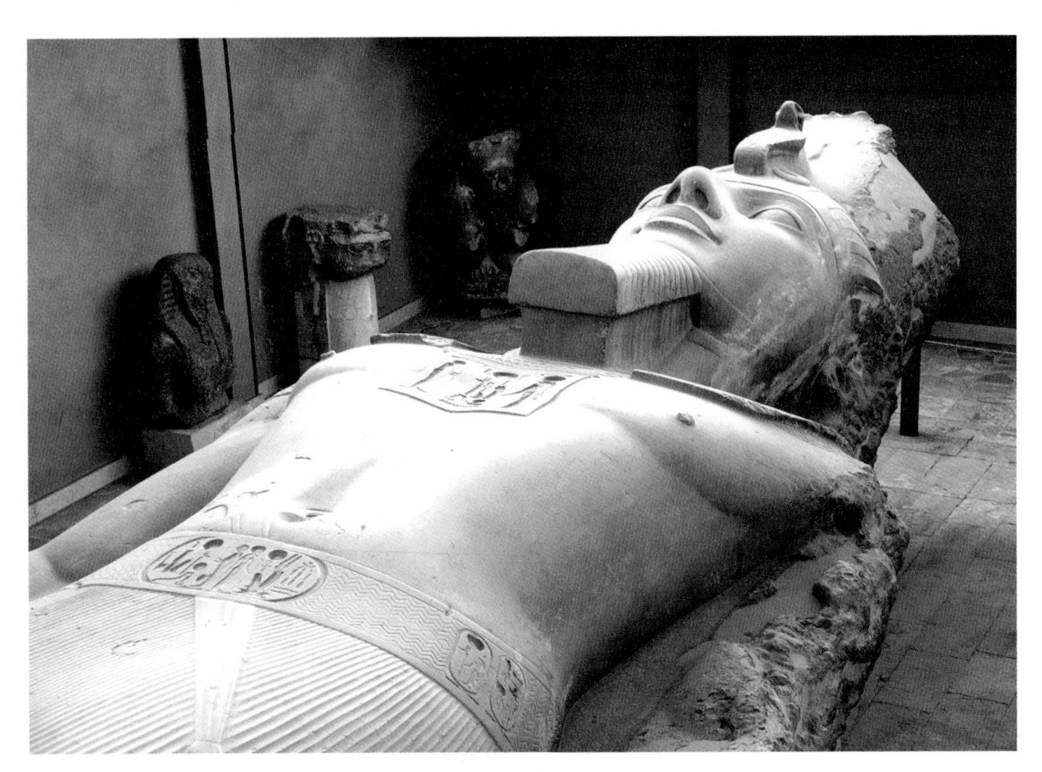

람세스 2세의 와상
핑크색 화강암
(조각 공원-멤피스)

처에 현재 건설 중에 있는 대이집트 박물관Great Egyptian Museum으로 다시 옮겨갔다.

조각 박물관 안에 누워있는 람세스 2세의 거상은 왕관의 일부와 무릎 이하의 한쪽 다리와 한쪽 팔꿈치가 떨어져나간 채 늪에 쳐 박혀 있던 것을 1820년에 발굴하여 이곳에 옮겨다 놓았다. 한 개의 큰 석회암을 깎아서 만든 이 석상은 원래 그 길이가 15m였다. 지금은 파손되어 12m만 남아 있으며 그 무게가 80t이나 된다. 단정한 표정에 미소를 머금고 있는 거상의 얼굴은 마치 누워있는 불상과 같은 분위기를 느끼게 한다.

매우 흥미로운 것은 석상의 어깨에 새겨져 있는 카르투시이다. 놀랍게도 람세스 2세의 석상에 람세스 3세의 카르투시가 새겨져 있다. 람세스 3세가 람세스 2세의 이름을 깎아 내고 자기 이름을 새겨놓은 것이다. 이러한 현상은 이집트 유적의 곳곳에서 볼 수 있는 현상으로 선조 파라오의 이름을 횡령한 것이다. 그런데 아이이러니하게도 이러한 횡령을 가장 많이 한 것이 람세스 2세로 알려져 있다. 박물관의 2층에 올라가서 내려다보면 이 거상의 크기를 실감할 수 있다.

람세스 2세의 와상의 주먹

카르투시의 횡령

람세스 2세의 와상에 새겨져 있는 람세스 3세의 카르투시.

박물관 안마당의 맨 안쪽에 높이 7m의 람세스 2세의 입상이 늠름하게 서 있다. 상 이집트의 상징인 흰 왕관을 쓰고 왼발을 한 발자국 앞으로 내밀고 서 있는 모습이 매우 인상적이다. 이것은 고대 이집트의 전형적인 입상 양식이다. 그리고 마당의 중앙에 연한 붉은 색의 앨러배스터로 만든 아름다운 모습의 스핑크스가 앉아있다. 사자의 몸에 사람의 얼굴을 가진 이 스핑크스는 제18왕조의 아멘호테프 2세〈Amenhotep II: BC1428~1397〉 때 만든 것으로 프타 신전에 있었던 것을 이곳에 옮겨 놓았다. 길이 8m, 높이 4m, 무게 80t의 이 스핑크스는 그 크기가 기자의 대스핑크스 다음으로 크다.

대스핑크스는 얼굴이 망가져 있으나 아멘호테프 2세의 얼굴로 추정되는 이 스핑크스의 얼굴은 깨끗하게 잘 보존되어 있으며 단정한 모습이 친근감을 준다. 그밖에 프타 신전에서 길렀던 신우神牛 황소가 죽으면 그 미라를 만들 때 사용했던 앨러베스터로 만든 해부대解剖臺가 이곳에 남아있다. 황소의 미라는 사카라에 있는 아피스의 무덤 세라페움에 묻혔다.

멤피스는 신왕국 제18왕조의 투트메스 3세 시대에는 서남아시아 원정의 거점으로서 매우 중요시 되었다. 또한 제18왕조의 파라오 투탕카멘은 아텐 신앙의 중심지였던 종교개혁의 땅 아마르나를 버리고 멤피스로 옮아왔다.

멤피스를 떠나 사카라로 향하면서도 고대 이집트 왕조의 첫 왕도였고 파라오의 대관식이 열렸던 화려했던 옛 모습을 찾아 볼 수 없는 것이 못내 아쉬웠다. 지금은 대추야자나무가 우거져 있는 농촌 마을로 변해 있다. 그 모습이 너무나 쓸쓸하고 초라했다.

상이집트의 흰 왕관을 쓴 람세스 2세 입상 (조각 공원-멤피스)

계단 피라미드 (사카라)

계단 피라미드 사카라

22

세계 최초, 이집트 최초의 석조건축물

멤피스에서 대추야자나무가 서 있는 좁은 길을 따라 서로 2㎞쯤 가면 고대 이집트의 최대의 공동묘지 사카라Saqqara가 나온다. 사카라라는 지명은 매의 머리를 가진 죽은 자의 신 소카르Socar에서 유래되었다. 지명 자체가 무덤을 가리킨다. 나일강 서안의 녹지대와 사막지대의 경계에 자리한 사카라는 그 넓이가 남북으로 6㎞, 동서로 1.5㎞나 된다. 왕도 멤피스의 몇 개의 네크로폴리스 중에서 가장 크고 가까이 있는 무덤지대이다. 그곳에 파라오·왕족·귀족들의 마스타바 피라미드 유적이 산재해 있다. 그 중 대표적 유적이 4천 7백여 년 전에 만든 계단 피라미드Step Pyramid이다.

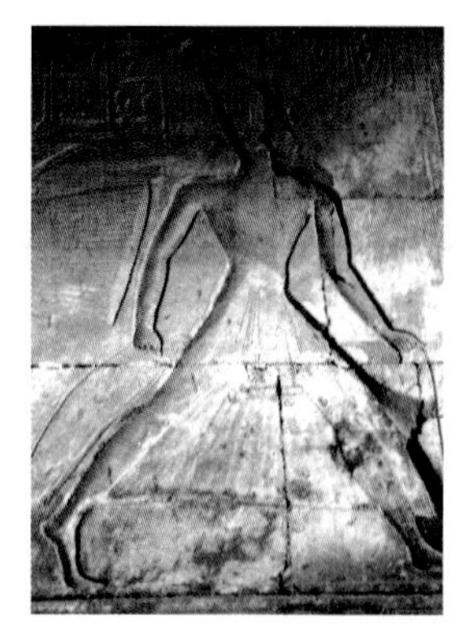

세드제 의식

세드제에서 달리기 의식을 하는 파라오.

사카라의 사막 한 가운데 솟아 있는 계단 피라미드는 고왕국 제3왕조의 파라오 조세르〈Djoser: BC2665~2645〉가 만든 것으로 세계 최초의 석조건축물이며 이집트 최초의 피라미드이다.

조세르는 파라오의 왕권과 중앙집권체제를 강화하고 시나이 반

계단 피라미드와 세드 신전
(사카라)

도와 누비아까지 영토를 확장하여 고대 이집트 왕조의 기틀을 닦고 국력을 튼튼하게 한 파라오로 알려져 있다.

계단 피라미드를 만든 것은 뛰어난 재능을 가진 건축가이며 의사이기도 한 그의 재상 임호테프[29]〈Imhotep: BC2667~2648〉였다. 신왕국시대에 고대 이집트인들은 그를 멤피스의 창조 신 프타의 아들로서 신격화하여 숭배했다. 계단 피라미드는 거대한 마스타바 6개를 포개서 쌓아 올려 만든 새로운 모양의 파라오의 무덤이다. 기자의 피라미드는 태양광선을 상징하고 있으나 계단 피라미드는 죽은 파

29) 제3왕조 2대 조세르의 재상. 계단피라미드의 설계자. 후에 학문과 의술의 신으로 신격화 됨.

라오의 혼이 하늘로 올라가는 계단을 상징하고 있다. 높이 59m에 밑변의 길이가 동서로 121m, 남북으로 109m나 되는 큰 피라미드이다. 널방은 지하 28m에 위치해 있다. 파라오의 무덤을 영원히 보존하기 위해 처음으로 돌로 만들었다.

계단 피라미드는 장제전과 함께 피라미드 복합체를 이룬다. 이 복합체는 남북으로 545m, 동서로 277m이며, 높이 10m의 붉은 석회석 담 벽으로 둘러 싸여 있다. 담 벽에는 열세 개의 가짜 출입문과 남쪽 끝에 한 개의 진짜 출입문이 있다. 건물의 입구처럼 보이는 신전 입구를 들어서면 높이 6.6m의 기둥 20개가 나란히 서 있는 기둥복도가 나온다.

기둥복도를 나서면 안마당이 나오는데 그 동쪽에 헤브·세드 신전이 있었으나 지금은 기둥 3개만 남아 있다. 안마당에서 헤브-세드Heb-Sed, 즉 왕위갱신제라고 불린 세드 축제Sed Festival가 열렸다. 파라오가 즉위하고 30년째 되는 해에 첫 세드 축제를 가졌고 그 뒤로 3년에 한 번씩 가졌는데 람세스 2세는 67년 동안에 10번을 가졌다.

세드 축제는 나일강의 범람이 끝나고 새싹이 돋아나는 겨울계절의 첫 달, 첫째 날에 열렸다. 안마당의 중앙에 석회암으로 된 국경을 상징하는 두 개의 반월형 표적이 있다. 바로 그곳에서 파라오가 지금까지 성공적으로 통치를 해왔고 앞으로도 더 통치를 지속할 수 있다는 것을 과시하는 행사를 거행했다. 행사 때 파라오는 상 이집트와 하 이집트의 파라오로서 반월형의 표적 사이를 왔다 갔다 하는 「달리기 의식」을 했다.

안마당의 서쪽에는 코브라가 장식되어 있는 벽의 일부가 남아 있다. 코브라는 왕조를 지켜주는 신성한 뱀으로 하 이집트의 수호자인 여신 와제트의 화신이었다. 헤브·세드 신전의 북쪽, 계단 피라미드의 정면에 「남쪽 집」과 「북쪽 집」이라고 불리는 건물이 남아있다. 계단피라미드의 북쪽에 자리한 장제전에는 기둥이 줄지어 있고 맨 안쪽에 자리한 제단에 파라오 조세르의 좌상이 안치되어 있었다.

계단 피라미드의 남동으로 조금 떨어진 곳에 허물어져 언덕처럼 보이는 피라미드가 있다. 이것은 고왕국 제5왕조 최후의 파라오 우나스〈Unas: B.C.2342~2322〉의 피라미드이다. 계단 피라미드를 만들고 300년 뒤에 만든 이 작은 피라미드의 안벽에 이집트 최초의 장제문서[30] 葬祭文書 funerary texts가 녹색의 히에로글리프로 깨알같이 새겨져 있다. 「피라미드 텍스트 Pyramid Texts』라고 불리는 이 장제문서는 이집트에서 가장 오래된 장제문서이다. 죽은 파라오의 미라를 묻을 때 내세에서 무사히 부활할 수 있도록 해달라고 신관이 기원한 주문을 새겨 놓은 것이다. 이것이 발견된 장소가 피라미드라고 해서 「피라미드 텍스트」라고 부른다.

「피라미드 텍스트」는 파라오 테티·페피 1세·페피 2세의 피라미드에도 있다. 장제문서는 이집트에서 미라를 무덤에 안치할 때 죽은 자의 재생·부활·영생을 신관이 기원하면서 불렀던 주문을 모은 주술집이다. 지금까지 알려진 주문이 모두 1천 개가 넘는다.

---

30) 내세에서 영생을 하기 위해 필요한 주문의 총칭. 피라미드 텍스트, 코핀 텍스트, 사자의 책, 암두아트의 책, 동굴의 책, 밤과 낮의 책, 대지의 책, 문의 책 등이 있음.

코부라 장식
파라오의 수호신 (계단 피라미드)

중왕국시대에는 관의 뚜껑이나 관 속에다가 그리거나 새겼기 때문에 「코핀 텍스트」라고 불렀다. 신왕국시대에 들어와서는 파피루스 두루마리에 그리거나 써넣었으며 「사자의 책」 이라고 불렀다. 그 밖에 「암두아트의 책 Amdua Book」, 「문의 책 Book of Gates」, 「동굴의 책 Book of Caverns」, 「낮의 책 Book of Day」, 「밤의 책 Book of Night」, 「라의 탄원시 Litany of Ra」, 「거룩한 암소의 책 Divine Cow Book」, 「아케르의 책 Book of Aker」 따위 많은 장제문서가 있다.

이들 장제문서는 파피루스의 두루마리에 써서 관과 함께 묻거나 주요 내용을 발췌하여 무덤의 벽에 그림이나 히에로글리프로 묘사했다. 주로 죽은 자가 최후의 심판을 받고 내세에 가는 데 필요한 주문들이다.

우나스의 피라미드
널방을 피라미드 텍스트로 장식. (사카라)

우나스 피라미드의 북서에 제5왕조 초대 파라오 우세르카프〈Userkaf : B.C.2479~2471〉의 피라미드, 북동에 히에로글리프로의 장제문서가 새겨져 있는 제6왕조 파라오 테티〈Teti: B.C.2322~2312〉의 피라미드가 있다. 테티의 피라미드 옆에 33개의 방이 있는 재상 메레루카Mereruka의 마스타바가 있다. 방마다 벽에 서민들의 생활모습을 담은 채색 돋새김이 유명하다.

흥미로운 무덤은 계단 피라미드의 남서 500m에 있는 세라페움Serapeum이다. 이는 신왕국 제18왕조의 아멘호테프 3세〈B.C.1388~1351〉 때 만들어 프톨레마이오스시대까지 사용한 창조신 프타의 신수 아피스의 무덤이다. 프타 신전에서 사육한 신우神牛가 죽으면 파라오처럼 성대하게 장례식을 치르고 미라를 만들어 화강암 관

속에 넣어 이 무덤에 안치했다. 석관의 무게가 70t이나 되었다. 이 무덤에서 28개의 황소의 미라가 발견되었으나 한 개만이 온전한 상태로 남아있었다. 현재 이 황소의 미라는 카이로의 농업박물관에서 전시되고 있다.

고대 이집트의 파라오들이 죽으면 가장 묻히기를 원했던 네크로폴리스가 사카라였다. 죽은 파라오들이 지금도 조용히 이곳에 잠들고 있는 사카라의 사막에서는 지금도 유적의 발굴 작업이 계속되고 있다.※

관광 경찰 (굽은 피라미드 앞)

초기 피라미드 다슈르·메이둠

23

피라미드의 역사를 알 수 있는 초기 피라미드들

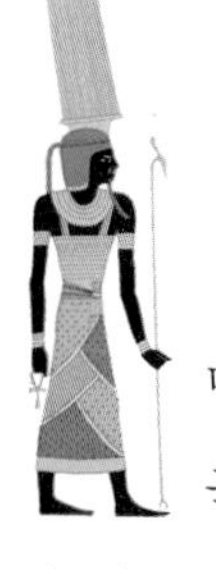

멤피스의 남으로 10㎞에 있는 다슈르Dahshur, 이곳은 고왕국 제4왕조의 초대 파라오 스네프루[31]〈Snefru: B.C.2614~2579〉가 만든 굽은 피라미드와 붉은 피라미드로 유명하다. 그 밖에도 이곳에 검은 피라미드라고 불리는 중왕국 제12왕조의 아메넴하트 2세〈Amenemhat: B.C.1914~1879〉와 고왕국의 여러 파라오의 피라미드들이 있다.

신전지기

스네프루는 기자의 대피라미드를 세운 파라오 쿠푸의 아버지이다. 그는 굽은 피라미드와 붉은 피라미드 그리고 메이둠의 무너진 피라미드까지 모두 세 개의 피라미드를 만들었다. 왜 그가 무덤인 피라미드를 세 개나 만들었는지 지금까지 수수께끼로 남아 있다.

고대 이집트인들이 「남쪽의 빛나는 피라미드」라고 부른 굽은 피

31) 고왕국 제4왕조의 초대 파라오. '아름다운 자'라는 뜻. 3개의 피라미드를 건조. 29년 치세 중 시나이 반도 원정 및 경제기반을 튼튼하게 한 파라오.

굽은 피라미드 (다슈르)

붉은 피라미드 (다슈르)

무너진 피라미드 (메이둠)

라미드Bent Pyramid는 스네프루가 아버지인 제3왕조 마지막 파라오 후니〈Huni: B.C.2599~2575〉가 착공한 것을 이어받아 완성한 것이다.

사각뿔 모양의 이 피라미드는 원래 높이가 105m였으나 지금은 97m이며 밑변이 각각 180m이다. 경사 각도가 위쪽이 43°, 아래쪽이 54°로 도중에서 꺾여 있기 때문에 굽은 피라미드라고 불린다. 도중에 경사각도가 꺾여 있는 것은 피라미드 내 널방에 걸리는 무게를 줄이기 위해서이다. 피라미드의 서면과 북면에 두 개의 입구가 있다. 입구를 들어가 통로를 따라 내려가면 두 개의 널방이 나온다. 이전에는 널방이 지하에 있었으나 굽은 피라미드에서부터 지상으로 올라 왔다. 굽은 피라미드 남쪽에 몇 개의 작은 위성 피라미드들이 있고 그 동으로 햇볕에 말린 진흙 벽돌로 만든 작은 장제전, 북동에 하안 신전이 있었다.

굽은 피라미드의 북에 자리한 붉은 피라미드Red pyramid는 고대 이집트인들이 「북쪽의 빛나는 피라미드」라고 불렸던 아름다운 피라미드이다. 붉은 색깔을 띈 사암으로 만들었기 때문에 피라미드 전체가 붉게 보인다. 높이 105m, 밑변 길이 220m의 정사각뿔 피라미드로 경사각도가 43°22'이다. 지상에서 28m 높이에 있는 입구를 들어서서 통로를 따라 아래로 내려가면 작은 방이 3개가 나온다. 피라미드의 규모가 기자의 대피라미드와 거의 비슷하나 웅장감이 그만 못하다. 지금 남아 있는 사각뿔 피라미드 가운데 가장 오래되었다.

다슈르 남서 50㎞에 있는 메이둠Meidum의 농경지와 사막의 경계에 탑처럼 생긴 흰 피라미드가 외롭게 홀로 서 있다. 「무너진 피라미드」라고 불리는 이 피라미드는 높이 92m, 밑변 길이 144m, 경사각 51°50'의 이집트 최초 사각뿔 피라미드이다. 파라오 스네프루는 조세르의 계단 피라미드를 개조하여 새로운 모양의 피라미드를 만들려고 먼저 8단의 계단 피라미드를 만들고 계단 사이를 돌로 메우는 방식으로 사각뿔 모양 피라미드를 만들려고 했다. 그러나 경사를 너무 급하게 만들어 꼭대기의 일부가 짓는 도중에 무너져 버려 지금과 같은 3단 탑 모양의 피라미드가 되어버렸다. 이 피라미드가 무너지는 것을 보고 스네프루는 건설 중에 있던 다슈르의 굽은 피라미드의 설계를 변경하여 경사 각도를 완만하게 바꾼 것으로 전해지고 있다.❋

하트호르 신전의 외벽 돌새김 (덴데라)

MIDDLE EGYPT

VI. 종교개혁의 무대 중부이집트

당나귀 타고 귀가하는 농부 (중부 이집트)

제2베들레헴 아슈무네인 남부

24

요셉이 계시받은 기독교의 성지

메이둠에서 파이윰을 지나 나일강을 따라 차로 4시간 가까이 남으로 거슬러 올라가면 카이로에서 남으로 250㎞에 자리한 중부 이집트의 관광기점 엘-미니야El-Miniya에 도착한다. 여기서부터 상업도시 아슈트Assiut를 거쳐 덴데라Dendera까지 약 400㎞에 이르는 농촌지대가 나일강 중류의 중부 이집트이다. 나일강을 끼고 밀밭과 사탕수수 밭이 이어져 있고 군데군데 대추야자나무와 바나나 과수원과 농가들이 보인다. 이따금 당나귀에 사탕수수를 싣고 가는 농부들도 볼 수 있다. 전형적인 이집트의 농촌 풍경이다. 아기 예수가 이곳까지 피난했던 탓인지 중부 이집트에는 콥트교도들이 유난히 많다.

이집트 농촌 처녀들

중부 이집트는 교통이 매우 불편할 뿐만 아니라 치안 문제까지 겹쳐 관광객들이 별로 가지 않는 이집트 관광의 오지이다. 그러나 최근 이 일대의 유적에 대한 관심이 높아져서 외국 관광객들이 늘고 있다. 대표적인 유적지로 중왕국시대의 암굴무덤이 모여 있는 베니 하산, 인류 최초의 종교개혁의 무대가 된 아마르나, 지혜의 신 토트 신앙의 중심지 아슈무네인, 명계의 지배자인 신 오시리스의 성지 아비도스, 사랑의 여신 하트호르 신앙의 중심지 덴데라가 있다. 엘-미니야에서 남으로 20㎞ 떨어진 나일강 동안에 자리한 베니 하산Beni Hasan, 나일강이 내려다보이는 나지막한 석회암 언덕에 중왕국 제11왕조〈B.C.2055~1976〉와 제12왕조〈B.C.1976~1794〉시대의 지방호족들의 암굴무덤 서른아홉 기가 늘어 서 있다.

중왕국시대의 귀족들의 무덤은 그 규모가 작은 것이 특징인데 예외로 이곳 암굴무덤만은 그 규모가 크다. 바위산을 도려내어 만든 이 암굴무덤은 입구를 들어서면 바로 큰 방과 공양실이 있고 지하에 널방이 있다. 일부 무덤은 화려한 벽화로 꾸며져 있다. 오랜 세월이 흘러 벽화의 채색이 많이 바랬지만, 레슬링 모습, 성지 아비도스의 순례 모습, 배로 항해하는 모습, 낚시 모습, 사막에서의 사냥 모습, 농사짓는 모습, 와인과 빵을 만드는 모습들이 사실적이며 생동감 있게 묘사되어 있다. 벽화를 통해 고대 이집트인들의 생활의 일부를 엿볼 수 있다. 대표적인 무덤으로 사막에서 사냥하는 모습과 나일강에서 물고기 잡는 모습의 벽화가 있는 제11왕조의 지방호족 케티Kheti의 무덤, 무덤 안이 레슬링 모습을 담은 벽화로 꽉 차 있는 제12왕조의 아메넴헤트Amenemhet의 무덤, 눈 화장품을 팔기위해 이집트를 방문한 37명의 힉소스인들의 모습이 담긴 벽화가 있는 크눔호테프Khnumhotep의 무덤이 유명하다. 그밖에 중부 이집트에는 아슈우트Assuit, 메이르Meir 등에 암굴무덤이 있다.

무덤 벽화 (베니하산)

베니 하산에서 차로 1시간 거리의 나일강 서안에 「남쪽 헬리오폴리스」라고 불리는 아슈무네인Ashmunein이 나온다. 옛 이름이 「여덟 신의 마을」을 뜻하는 크무느Khmun였다. 이곳은 지혜의 신 토트 신앙의 중심지였다. 그레코·로만시대에는 토트를 그리스 신화의 하늘의 사자 헤르메스Hermes와 같게 보았기 때문에 「헤르메스의 도시」라는 뜻으로 헤르모폴리스Hermopolis라고 불렀다. 이곳에는 헬리오폴리스와 별도의 창조신화가 있다.

아슈무네인에는 무슬림보다 콥트들이 더 많다. 아기 예수가 이집트에 피난했을 때 성가족은 카이로 남쪽에 있는 마아디Maadi에서 배로 나일강을 따라 중부 이집트의 아슈무네인까지 내려왔다. 카이로에서 327㎞ 떨어진 아슈무네인 남부의 코스캄산Quosqum Mt. 기슭에 현재 엘 무하라크 수도원El Muharraq Monastery이 있다. 성가족 일행은 그곳 동굴에서 약 6개월 동안 머물었다. 현재 그 동굴 위에 이집트에서 가장 오래된 성모 마리아 교회가 서 있다. 이곳은 아기 예수가 이집트에 머물었던 중에 가장 중요한 장소로 제2의 베들레헴이라고 불린다. 이곳에 머물고 있을 때 요셉의 꿈에 천사가 나타나 「아기 예수와 성모 마리아와 함께 이스라엘 땅으로 돌아가라. 아기의 목숨을 쫓던 자가 죽었다」고 헤롯왕의 죽음을 계시해 주었다.〈마태복음 2장20~21절〉 성가족 일행은 이집트로 피난 왔던 길을 따라 나사렛Nazareth으로 돌아갔다. 그때 아기 예수의 나이 다섯 살이었다. 아기 예수가 이집트로 피난 왔다가 돌아간 길은 2천㎞에 이르는 먼 거리였다.

유일 신 아텐을 찬양하는 아크엔아텐 (이집트 박물관)

종교개혁 아마르나

25

실패한 일신교로의 개혁 – 성공한 아마르나 문화 혁명

카이로에서 남으로 300㎞, 엘-아슈무네인에서 남으로 조금 떨어진 나일강 동안에 자리한 텔 엘-아마르나Tell el-Amarna, 이곳은 3천 5백여 년 전에 다신교를 일신교로 바꾼 종교개혁의 무대였다. 아마르나의 옛 이름은 「아텐의 지평선」을 뜻하는 아케트아텐Akhetaten으로 신왕국 제18왕조 아멘호테프 4세〈Amenhotep IV: B.C.1351~1334〉가 미개척지에 태양신 아텐Aten을 유일신으로 모시기 위해 세운 새 왕도였다.

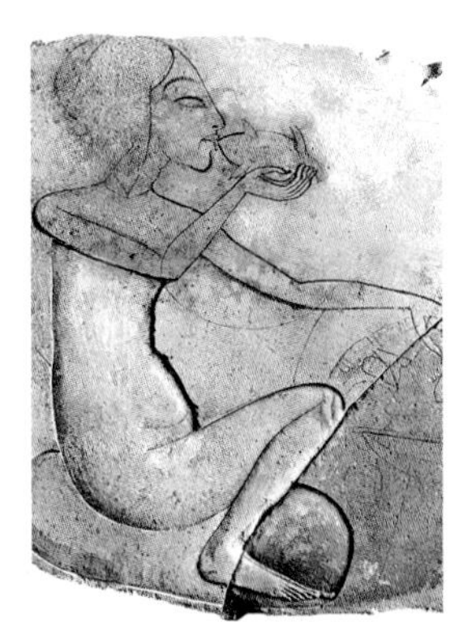

아마르나 미술작품
(이집트 박물관)

신왕국시대에 아멘 신관들의 권한이 너무 커져 파라오가 되기 위해서는 신관들의 지지를 얻어야 할 정도로 왕권을 압박했다. 이에 아멘호테프 4세는 왕권을 강화하기 위해 아멘 신관들의 존립기반이었던 국가최고신 아멘을 비롯하여 몇 천 년 동안 섬겨온 고대 이집트의 모든 신들의 신앙을 아예 금지시켜 버렸다. 대신에 그는 「신은 태양신 아텐 뿐이다」라고 선언하고 아텐 만을 신앙하도록 했다.

이것이 인류 역사상 최초의 종교개혁이며 다신교를 일신교로 바꾼 「아마르나 종교 혁명」이다. 모든 신전이 폐쇄되었고 신관들은 모두 추방되었다. 신전 기둥이나 기념건축물에서 아멘의 이름을 모두 삭제해버렸다. 파라오가 직접 제사장을 겸했다.

태양신 아텐은 원래 태양신 라-호르아크티[32] Ra-Horakhty의 일부였으나 독립하면서 그 지위가 향상되어 태양신과 동등하게 되었다. 고대 이집의 신들은 전통적으로 사람의 몸에 동물의 머리를 가진 모습으로 의인화擬人化해서 표현되었다. 그런데 아텐은 태양원반에서 태양의 빛이 지상으로 내려 비치는 모양으로 표현되었다. 숭배의 대상이 빛을 내보내는 태양원반 그 자체였다. 아텐 만은 다른 신들처럼 의인화 하지 않았다.

아멘호테프 4세는 즉위하자 바로 아텐 신을 위한 신전을 테베의 카르나크 신전의 동문 밖을 비롯하여 멤피스, 히에라콘폴리스 등에 세웠다. 그러나 그것만으로는 신관들로부터 완전히 벗어날 수 없었던 그는 신 아텐 만을 섬기기 위해 치세 5년째 되던 해에 새로운 도시를 건설하고 옮겨갔다. 이곳이 신 아멘이 지배했던 테베를 버리고 북으로 300㎞ 떨어진 나일강 중류의 사막지대에 건설한 새로운 왕도 텔 엘-아마르나이다. 아텐 신앙의 중심지일 뿐만 아니라 정치, 경제, 문화의 중심지가 되었다. 파라오의 이름도 「아텐의 빛」이라는 뜻의 아크엔아텐Akhenaten으로 바꾸었다. 새로 건설한 텔 엘-아마르나는 동서 5㎞, 남북 10㎞의 도시로 도심에 나일강과

32) 태양신의 화신. 일출의 신 호라크티가 태양신 라와 합체한 신.

탈라타트 블록
서민들의 일상생활을 담은 채색 돋새김 블록. (룩소르 박물관)

나란히 폭 100m의 「왕도의 길」이 남북으로 뻗어있었다. 도시의 북쪽에 북의 궁전, 남쪽에 남의 궁전, 중앙에 왕궁과 아텐 신전이 있었다. 그러나 아크엔아텐이 죽자 그의 종교개혁은 17년 만에 실패로 끝났다. 그의 뒤를 이어 파라오가 된 투탕카텐Tutankhaten은 치세 2년째 되던 해에 아텐 신앙을 폐지하고 아멘 신앙을 부활시켰다. 왕도를 아마르나를 버리고 멤피스로 옮겼다. 그리고 파라오의 이름도 「아텐을 위해 사는 자」라는 뜻의 투탕카텐에서 「아멘을 위해 사는 자」라는 뜻의 투탕카멘Tutankhamen으로 바꿨다. 아크엔아텐이 죽은 후 아텐 신전은 모두 파괴되었고 모든 기념물이나 기록에서 그의 이름이 삭제되었다. 신전에 사용했던 돌은 람세스 2세가 뜯어다가 헤르모폴리스에 신전을 짓는데 사용했다. 텔 엘-아마르나는 철저하게 파괴되어 역사의 뒤안길로 사라졌다.

19세기말, 영국의 고고학자인 페트리〈Flinders Petrie: 1853~1942〉의

발굴로 오래 동안 잊혀 있었던 텔 엘-아마르나가 다시 세상에 알려지게 되었다. 지금은 황량한 평원에 폐허가 되어버린 북의 궁전과 아텐 신전의 일부가 남아 있을 뿐이다. 유적의 북부에 귀족들의 암굴무덤과 아크엔아텐의 무덤이 남아있다.

아마르나 혁명Amarna Reformation은 종교개혁으로서는 완전히 실패였다. 그렇지만 예술부문에서는 큰 변화를 가져 왔다. 고대 이집트 문명은 수천 년 동안 전통을 매우 중요시하여 그 내용이나 모양에 있어서 거의 변화가 없는 매우 폐쇄적이고 보수적인 문명이었다. 해마다 나일강이 범람하여 풍요를 안겨준 자연조건과 사면이 사막과 바다로 에워싸여 외부와 단절된 지리적 조건이 결합하여 전통성과 보수성이 매우 강한 폐쇄적인 문명을 만들었다. 이 때문에 이집트 여행을 해보면 곳곳에서 볼 수 있는 벽화나 돋새김의 내용이나 표현방법이 모두 유사하다.

이집트 문명에 있어서 석조건축물, 조각, 벽화, 돋새김 등은 예술작품이 아니고 모두가 신에게 보내는 메시지였다. 그러기 때문에 벽화나 돋새김을 사실주의나 자연주의로 묘사하는 것은 적합하지 않았다. 모든 것을 신이 보고 식별하기 쉽도록 입체감이나 원근을 무시한 초자연적 방법으로 표현했다. 만드는 사람의 입장보다는 이것을 보는 신의 입장에서 모든 것이 묘사되었다. 예컨대 사람을 묘사할 때는 신이 그 사

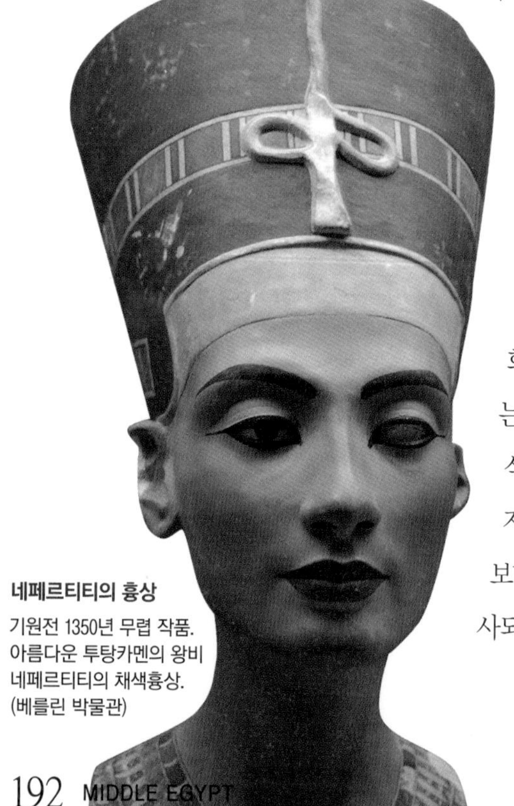

네페르티티의 흉상

기원전 1350년 무렵 작품. 아름다운 투탕카멘의 왕비 네페르티티의 채색흉상. (베를린 박물관)

람의 특징을 가장 잘 알 수 있도록 얼굴과 발은 옆으로, 가슴과 어깨와 눈은 정면으로 그렸다. 조각도 정면으로 새겼다. 소 떼나 물고기는 그 수를 쉽게 알 수 있게 일렬로 열을 지은 모습으로 표현되었다. 이러한 이유로 수 천 년 동안 고대 이집트의 예술은 일정한 형식에 얽매어 왔다. 아마르나 시대는 이러한 전통을 깨버리고 원근법에 기초를 둔 사실적·자연주의적인 표현으로 바뀌었다. 파라오의 조각도 고귀하고 신격화된 모습보다 희로애락을 그대로 나타낸 인간의 모습으로 묘사되었다. 이러한 변화를 「아마르나 문화혁명」이라고 한다. 카이로의 이집트 박물관에서 이 시대의 작품들을 볼 수 있다. 아크엔아텐의 모습에서 다른 파라오처럼 이상적인 얼굴은 전혀 찾아 볼 수 없다. 이집트 박물관의 아크엔아텐의 조각상과 베를린 이집트 박물관에 소장되어 있는 왕비 네페르티티Nefertiti의 흉상이 아마르나 미술의 대표적 작품이다. 이러한 문화혁명은 미술 영역만으로 끝나지 않고 당시의 문학에도 영향을 주었다. 성서 구약의 「시편詩篇」과 자주 비교되는 「태양찬가太陽讚歌」는 새로운 형식의 문학이었다.

몇 천 년 동안 많은 신을 믿어온 다신교의 세계에서 일신교로 바꾸려고 했던 아크엔아텐의 종교개혁은 후에 유대교의 성립에 큰 영향을 미친 것으로 보고 있다. 이집트학Egyptology에서 고대 이집트왕조의 5대 인물로 아크엔아텐, 네페르타리, 클레오파트라, 투탕카멘, 람세스 2세를 꼽고 있다. 그 중 으뜸이 아크엔아텐이다. 그는 고대 이집트 왕조에서만이 아니라 「일신교의 원조」로서 인류사에 길이 남을 인물로 평가 받고 있다.※

세티 1세 신전 기둥복도의 돋새김 (아비도스)

명계 지배자 아비도스

26

토막 살인을 당한 오시리스 신의 머리가 묻힌 곳

텔 엘-아마르나에서 남으로 87㎞, 룩소르에서 북으로 145㎞ 떨어진 나일강 서안의 사막지대에 자리한 아비도스Abydos, 이곳의 옛 이름은 고대 이집트어로 아베쥬Abdju였다. 이곳은 명계의 지배자 신 오시리스의 성지이며 초기왕조시대의 파라오의 무덤들이 모여 있다. 헬리오폴리스의 신화에 따르면 신 오시리스는 「신의 시대」의 제4대 신왕으로 지상에 내려와 이집트를 잘 다스렸다. 왕위를 탐낸 동생 세트가 그를 죽이고 유해를 토막 내어 이집트 전역에 버렸다. 이때 그의 머리가 아비도스에 버려져 묻혔다고 해서 신 오시리스의 성지가 되었다.

세티 1세

고대 이집트인들은 파라오는 죽으면 하늘로 올라가 부활하여 오시리스가 되어 영생을 한다고 믿었다. 그래서 파라오는 재위 중에 아비도스에 성지 순례를 하고 그곳에 세노타프Cenotaph라고 불리는 빈 무덤을 만들고 장제전을 세웠다. 중왕국시대 이후에는 오시리스 신앙과 내세 신앙이 일반화 되었다. 그렇기 때문에 파라오뿐만 아니라 일반 서민들도 죽으면 재생·부활하여 오시리스 신이 되어 영생한다고 믿었다. 그들 역시 오시리스의 무덤이 있는 아비도스에 묻히기를 간절히 원했다. 그래서 그들도 죽기 전에 파라오처럼 아비도스에 성지 순례를 했다. 그들은 순례하면서 파라오처럼 빈 무덤은 만들지 못하고 죽은 사람의 이름과 함께 내세에서의 영생을 비는 주문을 새긴 비석을 세웠다. 수천 개의 비석들이 지금까지 그곳 공동묘지에 남아있다. 이러한 전통이 남아서 이집트에서는 지금도 사람이 죽으면 우리나라에서 죽은 사람의 이름 앞에 「고故 누구누구」라고 하듯이 「오시리스 누구누구」라고 한다.

현재 아비도스에는 신왕국 제19왕조의 세티 1세[33]〈Seti I: B.C. 1290~1279〉의 장제전이 있고 그밖에 오시레이온Osireion이라고 불리는 빈 무덤과 람세스 2세의 장제전 유적의 일부가 남아있다. 오시레이온이란 「신 오시리스를 모신 곳」이라는 뜻이다. 오시레이온의 중앙에 있는 작은 연못은 창조신화의 「원초의 바다와 언덕」을 나타내고 있다. 혼돈의 바다에서 천지가 창조된 것처럼 세티 1세도 부활하여 오시리스가 된다고 믿고 만들었다.

세티 1세의 장제전은 그의 아비도스 순례를 기념하여 세운 것으로 세티 1세 때 착공하고 람세스 2세 때 완공했다. 이 장제전은 현재 이집트에 남아 있는 신전 중에서 유일하게 신전 전체가 천정으로 덮여 있는 이집트에서 가장 아름다운 종교건축물이다. 신전 내

---

33) 제19왕조 2대 파라오. 람세스 2세의 아버지. 영토확장에 주력. 카르나크 아멘 대신전의 열주실 건설.

세티 1세 장제전의
둘째 기둥복도
(아비도스)

부의 장식도 매우 뛰어나다. 첫째 탑문과 안마당, 둘째 탑문과 안마당은 모두 파괴되어 그 흔적만 남아있고 네모기둥이 서 있는 둘째 기둥복도가 신전의 정면에 서 있다. 신전 안으로 들어서면 24개의 꽃봉오리 모양의 파피루스 기둥이 서 있는 첫째 기둥 홀이 있고 그 안에 36개의 기둥이 서 있는 둘째 기둥 홀이 있다.

이집트의 신전이나 장제전에는 신관이 신에게 제물을 바치고 의식을 베푸는 성소가 하나만 있다. 그런데 이 장제전에는 7개의 성소가 있다. 중앙에 국가 최고신 아문-라의 성소가 있고 그 오른쪽에 호루스, 이시스, 오시리스의 성소, 그 왼쪽에 라 호르아크티, 프타, 신격화 된 세티 1세의 성소가 있다. 각 성소에는 신상이 안치

신전 벽의 돋새김
아름답게 채색된 돋새김이 남아 있는 세테 1세 장제전 내부. (아비도스)

되어 있고 가짜 문이 달려 있으나 오시리스의 성소에는 진짜 문이 달려 있다.

장제전의 벽은 신 오시리스, 여신 이시스, 파라오 세티 1세에게 예배하는 람세스 2세의 돋새김을 비롯하여 보존이 잘된 많은 채색 돋새김들로 장식되어 있다. 장제전의 돋새김 중에서 유명한 것이 기록 홀의 벽에 새겨져 있는 「아비도스 왕명표 Abydos King Lists」이다. 이것은 신왕국의 제19왕조를 연 람세스 1세〈B.C.1292~1186〉가 역대 파라오들의 이름을 새겨놓은 것이다. 제1왕조의 초대 파라오 나르메르부터 제19왕조의 2대 파라오 세티 1세와 그의 아들 람세스 2세까지 76명의 역대 파라오 이름과 통치 기간이 새겨져 있다. 다만 하트셉수트 여왕, 아크엔아텐, 투탕카멘의 왕명은 누락되어 있다. 왕명표

앞에 세티 1세와 어린 람세스 2세를 묘사했고 왕명표 끝에 세티 1세가 아들 람세스 2세와 함께 황소를 쫓고 있는 모습을 새긴 돋새김 있다. 세티 1세 장제전에서 북서로 1㎞ 떨어진 곳에 람세스 2세가 오시리스 신을 위해 세운 오시리스 신전 유구가 남아 있다. 매년 이곳에서 오시리스 축제가 열린다.※

아비도스의 왕명표
76명의 파라오의 이름이 새겨져 있음.
(세티 1세 신전-아비도스)

하트호르 기둥 (하트호르 대신전-덴데라)

이집트 비너스 덴데라

27

사랑과 기쁨의 여신 하트호르 신앙의 중심지

아비도스를 떠나 계속 남으로 가면 카이로에서 남으로 600㎞, 룩소르에서 북으로 70㎞, 나일강이 활처럼 반원을 그리며 굽어 흐르는 정점의 서안에 덴데라Dendera가 자리한다. 이곳의 그리스어 이름은 이우네트Iunet이다. 이곳에 프톨레마이오스 왕조시대의 후반에 착공하여 기원전 1세기 로마시대 초에 완공된 사랑의 여신 하트호르Hathor의 대신전이 있다. 신전의 보존 상태와 신전 내 벽화나 돋새김의 채색 상태가 매우 좋다.

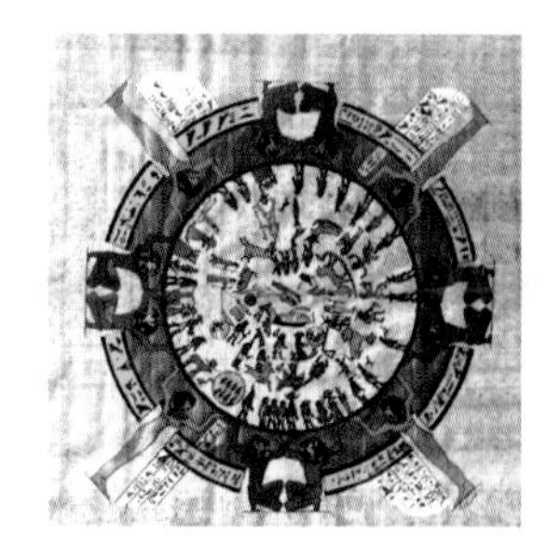

천체도
하트호르 대신전의 황도12궁.

「호루스의 집」을 뜻하는 하트호르는 그리스 신화의 사랑·아름다움·풍요의 여신인 아프로디테Aphrodite나 로마 신화의 비너스Venus에 해당하는 여신으로 「이집트의 비너스」라고 불리었다. 여신 하트호르는 왕비의 수호신이었고 그의 남편 신 호루스는 파라오의 수호신이었다. 하트호르는 사랑과 기쁨의 여신일 뿐만 아니라 임신과 출산의 여신이기도 했다. 암소의 뿔 사이에 태양 원반이 있

하트호르 대신전

는 왕관을 쓴 사람의 모습으로 표현되었다.

이 대신전은 전형적인 프톨레마이오스 양식으로 세운 신전으로 탑문과 기둥 홀이 없고 열린 입구와 안뜰에 이어서 바로 첫째 기둥 홀, 둘째 기둥 홀, 전실 그리고 그 안에 성소가 있었다. 지금은 모두 파괴되어 없어졌고 대신전의 중심부인 안마당과 기둥 홀과 성소가 있는 본 건물만 남아 있다. 대신전의 입구에 로마황제 티베리우스〈Tiberius: B.C.42~37〉와 트라야누스〈Trajanus: 53~117〉가 만든 기념문이 서 있다. 입구를 들어서면 오른쪽에 로마시대 만든 탄생의 집과 콥트교회의 유구가 남아있다.

대신전의 정면을 장식하고 있는 첫째 기둥 홀에는 수소의 뿔을 가진 하트호르 얼굴로 기둥머리를 장식한 24개의 「하트호르 기둥」이 서 있다. 매우 인상적이다. 이어서 6개의 돌기둥이 서 있는 둘째 기둥 홀이 있고 그 안에 성소가 있다. 성소 주위에 예배실, 태양신 라의 옥좌, 불의 방, 물의 방, 공물의 방 등 11개의 작은 방들이 있다. 예배실에는 하트호르 여신상이 안치되어 있다. 이 신전의 지하에는 파라오와 신의 탄생을 나타낸 것으로 보이는 벽화들이 있다.

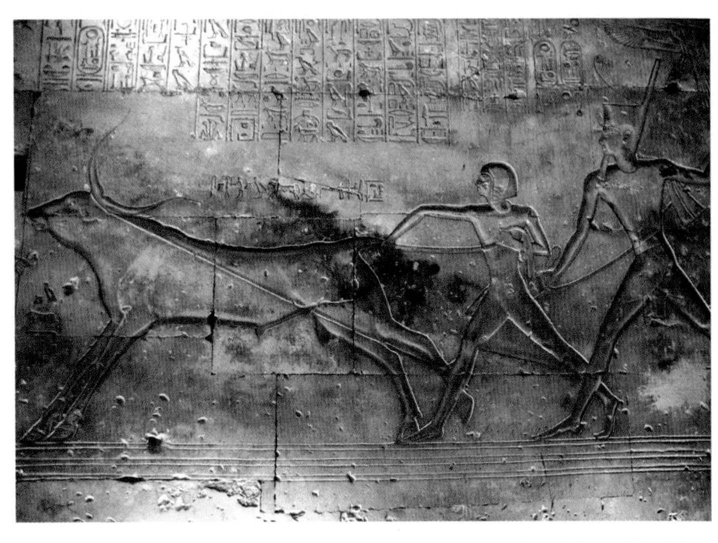

소를 모는 람세스2세와 세티1세
(세티1세신전-아비도스)

대신전의 남쪽 바깥벽에 클레오파트라 7세와 그의 아들 카이사리온Caesarion이 호루스 신과 하트호르 여신에게 축복을 받고 있는 모습의 거대한 돋새김이 있다. 이것은 이집트가 로마의 지배를 받기 직전에 새긴 것이다. 대신전의 천정에는 인체를 묘사한 그림이나 여성의 자궁 안에 태아가 있는 그림 따위 매우 흥미로운 벽화들이 많다.

이곳에 남아 있는 파라오의 탄생의 집은 파라오가 신의 아들로 탄생했다는 것을 눈으로 볼 수 있도록 하기 위해 만든 특수한 신전이다. 탄생의 집의 벽에 하트호르 여신과 이시스 여신상이 묘사되어 있으며 탄생의 집을 콥트교회로 사용했던 흔적도 남아 있다.

신전 기둥 홀의 기둥들
(하트호르 신전-덴데라)

고대 이집트 왕조의 탄생의 집으로는 룩소르 서안의 하트셉수트 신전과 아스완의 이시스 신전의 탄생의 집이 유명하다.

신전의 옥상에 있는 오시리스 예배당의 전실의 천장에 황도 십이궁黃道十二宮을 상징하는 천체도Zodiac가 있다. 세계 최초의 천궁도天宮圖로 알려져 있다. 기원전 2세기 클레오파트라 7세 시대에 만든 것으로 보인다. 덴데라의 천궁도는 기본적으로 일년 360일을 10일 간격으로 36개의 별자리를 원형으로 배치했다. 이 천궁도는 1799년 나폴레옹 탐사대의 비방 드농Vivant Denon에 의해 발견되었다. 사방 2.5m에 두께 1m 크기의 2개의 화강암 석판으로 된 거대한 천궁도는 현재 파리의 루브르 박물관에 있다. 이곳에 있는 것은 석고로 만든 복제품이다.

덴데라 신전에서 차로 약 1시간 정도 남으로 나일강을 따라 가면 유명한 이집트 최대의 관광지 룩소르에 도착한다. 룩소르에서 차로 덴데라를 거쳐 아비도스까지 164㎞밖에 안 된다. 그런데도 2차선 도로에 거의 3~4㎞마다 관광객의 안전을 위해 검문소가 있어 신전의 관광시간까지 포함하면 10시간 가까이 소요된다. 그렇더라도 아비도스와 덴데라는 꼭 봐야 할 신전들이다.

로마 황제의 기념문 (하트호르 대신전 입구-덴데라)

아멘 대신전의 거대한 기둥들 (카르나크 신전 내-룩소르 동안)

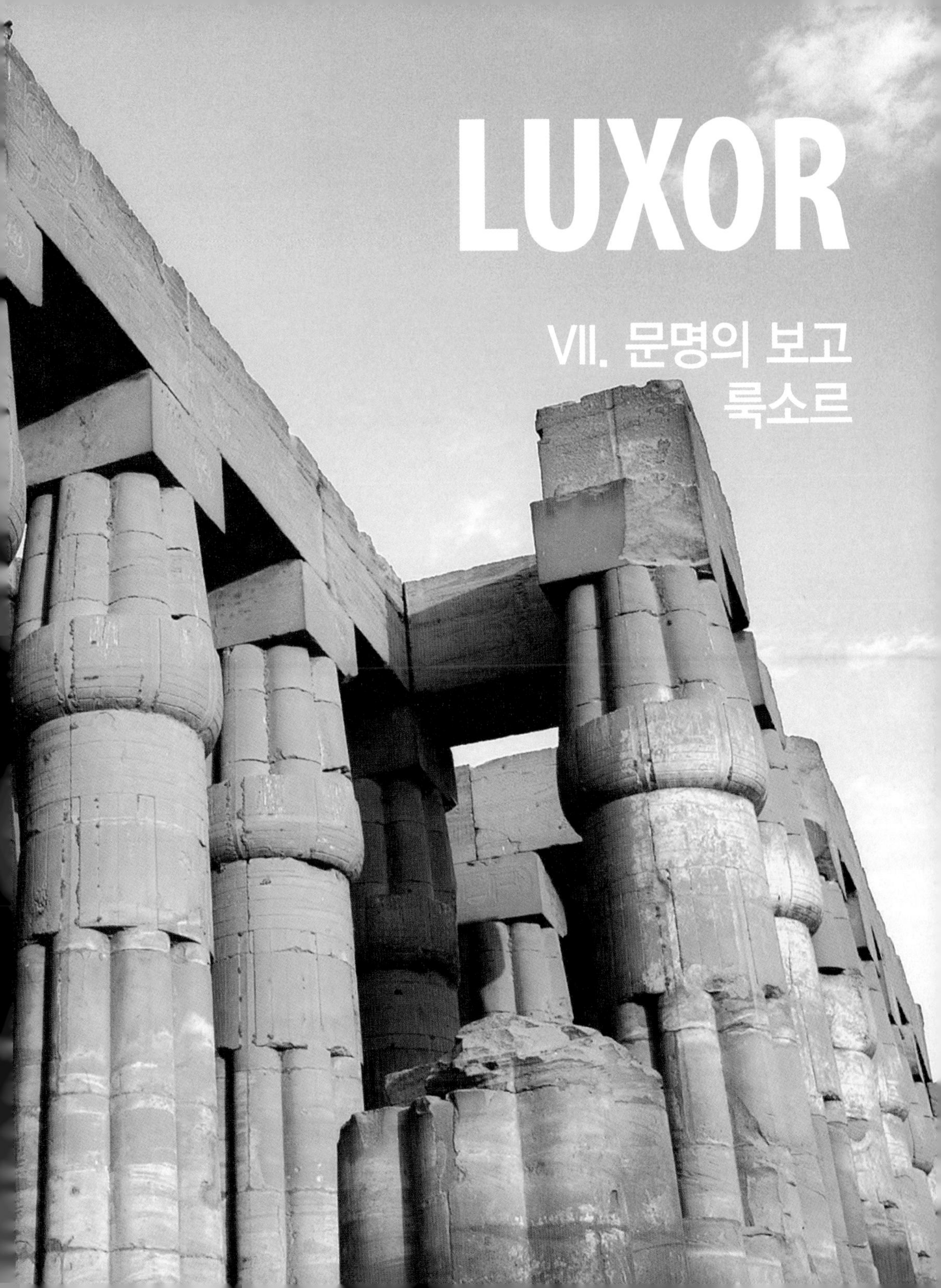
LUXOR
VII. 문명의 보고
룩소르

투탕카멘과 왕비 네페르티티 상 (아멘 대신전의 기둥 홀 앞)

천년 왕도 룩소르

28

황금이 넘치고 백 개의 문이 있는 왕도 – 테베

옛 그리스의 시인 호메로스〈Homeros: B.C.800~750〉는 그의 대서사시『일리아드 Iliad』에서 테베 지금의 룩소르를 가리켜「황금이 산처럼 쌓여있고 백 개의 문이 있는 호화찬란한 고도 테베」라고 읊었다. 약 1천년 동안 중왕국과 신왕국의 왕도였던 룩소르는 고대 이집트의 정치·경제·종교·문화의 중심지였다.

람세스 2세의 발조각
(룩소르 신전)

룩소르는 나일강을 사이에 두고 동안과 서안에 고대 이집트의 유적들이 나뉘어 있다. 아크로폴리스라고 불린 나일강 동안에는 신전 유적들이 있고 네크로폴리스라고 불린 서안에는 장제전과 암굴무덤 유적들이 있다. 이처럼 룩소르는 고대 이집트 문명 유산의 최대·최고의 보고로 도시 전체가 살아있는 거대한 노천 박물관이다. 1979년, 유네스코는 룩소르를 세계문화유산으로 지정했다.

카이로에서 남으로 670㎞에 자리한 룩소르는 차로 가기에는 너무 멀고 도로사정이 나쁘다. 카이로에서 룩소르까지 크루즈가 다녔다.

1971년 이슬람 원리주의자들의 총격 테러 사건으로 62명이 사망한 이후로는 다니지 않아 기차나 비행기로 갈 수밖에 없다. 비행기로는 카이로에서 1시간 걸린다. 기차는 카이로에서 룩소르까지 약 100년의 역사를 가진 야간침대차가 다니고 있으며 약 12시간 걸린다. 기차는 나일강을 끼고 달리기 때문에 나일강변의 아름다운 경치를 즐길 수 있다. 한번 타볼만하다. 그러나 짧은 여정에 시간을 절약하려면 역시 비행기를 이용하는 것이 바람직하다. 카이로처럼 룩소르도 사막 가운데 나일강을 끼고 발달한 사막도시이다. 인구가 38만 남짓하며 이집트에서 4번째로 큰 도시이다. 일 년 내내 비가 오지 않으며 나일강 유역의 좁은 농경지대를 제외하고는 그 일대 전체가 불모의 사막지대이다.

그런 룩소르이지만, 눈부신 햇빛, 쪽빛 하늘, 타는 듯한 붉은 모래언덕, 비옥한 검은 땅, 푸름으로 덮인 녹지대 그리고 짙푸른 나일강이 오색 무지개처럼 한데 어우러져 있어 자못 수려하다. 어느 후기 인상파 화가의 파스텔 톤의 그림 같다. 룩소르에서만 볼 수 있는 사막과 나일이 조화를 이루며 자아낸 아름다운 정경이다.

와세트 · 테베 · 룩소르(Waset · Thebes · Luxor)

룩소르의 왕조시대의 이름은 와세트Waset였다. 그 뒤 그레코·로만시대에 테베Thebes, 이슬람시대에 룩소르Luxor로 바뀌었다. 와세트는 고대 이집트어로 「많은 신이 모여 있는 곳」이라는 뜻이다. 지명만으로도 이곳이 고대 이집트의 종교 중심지였다는 것을 알 수 있다. 이곳에 국가 최고신 아멘Amen, 그의 아내 무트[34]Mut 여신과 아들 콘스[35]Khons 신, 이른바 테베의 세 신Theban triad을 모신 카르나크 대신전이 있다. 그밖에 룩소르 신전을 비롯하여 창조 여신 네이트[36]Neith, 출산의 여신 네크베트[37]Nekhbet, 하늘의 신 호루스Horus, 전갈의 신 세르케트[38]Serket 따위의 많은 신들을 모신 20여 개의 신전들이 있었다. 이처럼 룩소르의 나일강 동안은 그 전체가 신전 복합체를 이루었다.

람세스 2세 입상
(아멘 대신전의 둘째 탑문 앞)

34) 하늘의 여신, 모든 신들의 어머니. 아멘 신의 아내.
35) 달의 신, 아멘 신의 아들. 새 머리에 달을 이고 있는 모습으로 표현.
36) 창조의 여신. 악어의 신. 소베크의 어머니. 하 이집트의 붉은 관을 쓰고 화살이 달린 방패를 들고 있는 모습으로 표현.
37) 독수리의 여신. 상 이집트의 수호 여신. 상 이집트의 하얀 관을 쓰고 날개를 파라오의 위에 펼친 모습으로 표현.
38) 전갈의 신. 투탕카멘의 내장을 담은 궤를 지키는 4명의 여신 중 하나. 전갈의 머리를 가진 여자 모습으로 표현.

테베는 그리스인들이 그리스 중부에 있는 옛 도시 테바이 Thebai와 비슷하다 해서 붙인 이름이다. 룩소르는 「성 혹은 왕궁」을 뜻하는 아랍어 「카스르 Qasr」의 복수 「쿠수로」에서 유래되었다. 카이로를 점령한 이슬람 군은 배로 나일강 상류로 거슬러 올라갔다. 그들은 덴데라를 지나 룩소르에 이르렀을 때 강변에 서 있는 여러 신전의 거대한 탑문들을 성문으로 착각했다. 이것이 연유가 되어 룩소르라고 부르게 되었다. 성서 구약에서는 헤브라이어로 「아멘 신의 도시」라는 뜻으로 노 아멘 No Amen이라고 불렀다.

룩소르가 역사에 처음 등장한 것은 기원전 2040년 무렵이다. 고왕국말에 분열된 이집트를 이곳 출신의 제11왕조 초대 파라오 멘투호테프 2세〈Mentuhotep: B.C.2046~1995〉가 재통일하여 중왕국을 열면서부터였다. 이때 왕도를 멤피스에서 테베로 옮겼다. 기원전 18세기 초, 중왕국 끝 무렵에 파라오의 중앙집권체제가 다시 무너졌다. 이 혼란기를 틈타 이집트를 점령한 힉소스 Hyksos가 약 150년 동안 나일강 하류일대를 지배했다. 고대 이집트가 최초로 이민족의 지배를 받았다. 테베의 귀족들이 중심이 되어 힉소스를 몰아내고 신왕국을 연 것은 기원전 1570년 무렵이었다. 신왕국은 제18왕조부터 제20왕조까지 약 500년 동안 지속되었다. 이때가 왕조시대의 최고 황금기로 고대 이집트는 군사대국을 이루었다. 제18왕조는 아멘호테프 4세의 종교개혁 후 국력이 쇠퇴해져서 파라오 투탕카멘과 호렘헤브〈Horemheb: B.C.1321~1292〉를 마지막으로 막을 내렸다. 기원전 1292년, 람세스 1세가 제19왕조를 열었다. 그 뒤를 이어 즉위한 세티 1세와 그의 아들 람세스 2세가 영토를 크게 확장하고 고대 이집트를 훌륭하게 다스려 전성기를 이루었다. 그러나 제20왕조를 끝으로 신왕국은 막을 내렸다.

원래 아멘Amen은 지방 신이었으나 힉소스를 몰아내고 신왕국을 여는데 크게 도움을 줬다 해서 테베의 주신이 되었다. 그 뒤 아멘은 헬리오폴리스의 태양신 라와 결합하여 아멘-라Amen-Ra가 되면서 국가 최고신이 되었고 테베는 아멘-라의 성지로 종교의 중심지가 되었다. 「숨어 있는 자」라는 뜻을 가진 아멘은 사람의 몸에 숫양의 머리를 가진 모습이었다. 아멘-라가 되어 국가 최고신이 된 후로는 한 쌍의 날개로 장식된 왕관을 쓴 인간의 모습으로 표현되었다.

신 아멘-라
신왕국 국가 최고신.

기원전 13세기 후반, 왕도가 델타지대의 페르·라메수로 옮겨간 뒤에도 테베는 종교 중심지로 그 지위를 유지했다. 4세기 무렵, 그리스도교가 로마 제국의 국교로 공인되면서 테베의 신전들도 폐쇄되었다. 그 뒤로 테베는 급속히 쇠퇴해갔다.

룩소르의 나일강 동안에서 볼만한 곳으로 국가 최고신 아멘-라를 위해 세운 카르나크 대신전 유적, 그 부속 신전인 룩소르 신전 유적, 그리고 룩소르 박물관과 미라 박물관이 있다.

고대 이집트의 신전

고대 이집트의 신전은 혼돈의 바다로부터 천지가 창조되는 창조신화를 나타내고 있다. 신이 인간 세계로 내려오면 신전에서 신의 아들 파라오를 만났다. 신전에는 파라오와 신관만이 들어갈 수 있었고 일반 백성은 축제 때만 신전의 안마당까지 들어갈 수 있었다.

신전은 첫째 탑문-안마당-둘째 탑문-기둥 홀-성소가 일직선으로 배치되었다. 동쪽을 향한 탑문Pylon은 고대 이집트어로 아케트Akhet 곧 「지평선에서 솟아오르는 태양」이라는 히에로글리프의 문자를 본 딴 것이다. 탑문의 위가 하늘을 향해 열려 있다. 이것은 매일 아침 그 사이로 태양이 떠오를 때 탑문을 통해 태양신의 아들인 파라오가 나타나는 하늘의 문을 상징한 것이다. 탑문 앞에 태양신에게 바친 기념비 오벨리스크와 그 신전을 만든 파라오의 거대한 석상이 서 있다. 신전의 안마당Court은 둥근 기둥과 벽으로 둘러싸여 있다. 기둥은 습지에서 자라는 파피루스와 로터스를 상징하고 있으며. 바깥벽은 파라오의 치세 중의 공적, 안벽은 종교의식의 모습을 담은 돋새김으로 장식되어 있다. 신전의 심장인 장대한 기둥홀Hypostyle hall은 종교의식을 올리기 위해 만든 것으로 파피루스나 연꽃 모양의 기둥머리를 가진 큰 기둥으로 차있으며 천지가 창조될 때의 혼돈의 바다를 상징하고 있다. 성소Sanctuary는 가장 성스러운 곳으로 매우 어두우며 창조의 신이 최초로 만든 원초의 언덕 벤벤을 상징하고 있다. 성소에는 그 신전에서 모시는 주신의 신상이 안치되었으며 신관만이 들어갈 수 있었다. 성지Sacred Lake는 천지가 창조되기 전의 원초의 바다를 상징하고 있다.

거대한 기둥들 (룩소르 신전 둘째 마당)

기둥홀의 기둥들 (아멘 대신전의 기둥 홀)

신전 중의 신전 카르나크

29

천 수백 년 걸려 완공된 국가번영의 상징

룩소르 나일강 동안의 북쪽에 자리한 카르나크, 이곳의 옛 이름은 고대 이집트어로 이페트 수트 Ipet-Sut 였다. 「고르고 고른 땅」이라는 뜻이다. 이 땅에 신왕국시대의 국가최고 신 아멘 라를 위해 세운 카르나크 대신전 Great Karnak Temple 이 있다. 현재 이집트에 남아 있는 신전 중에서 가장 오래되고 가장 큰 신전이다. 카르나크라는 이름은 그 근처에 있던 엘-카르나크 el-Karnak 라는 마을 이름에서 따온 것이다.

피네젬의 거상

카르나크 대신전은 약 4천 년 전, 중왕국의 제12왕조 때 처음으로 축조되었다. 그 이후 약 2천년에 걸쳐 투트메스 3세, 하트셉수트, 아멘호테프 3세, 람세스 2세, 넥타네보 2세 등 많은 역대 파라오들이 왕권의 강화와 국가의 번영을 기원하기 위해 신전을 개축하고 증축했다. 그리하여 프톨레마이오스시대에 이르러 카르나크 대신전은 지금과 같은 웅장한 모습을 갖추었다. 다만 신전이 증축

아멘 대신전 첫째 탑문
스핑크스가 나란히
앉아 있는 신전 입구.
(카르나크 대신전. 룩소르 동안)

을 거듭하다 보니 신전의 규모가 커지고 구조가 매우 복잡해졌다. 카르나크 대신전은 절정기에 약 8만 명의 노예, 24만 마리의 가축, 100여 척의 배를 소유했다.

동서 540m, 남북 600m의 광대한 규모의 카르나크 대신전은 세 신전 영역으로 나뉜다. 중앙에 보존 상태가 좋은 아멘 신의 신역이 있고. 그 남쪽에 무트 여신의 신역, 북에 테베지방의 원래의 토착 신이었던 멘투 신의 신역이 있다. 이들 세 신역이 전체적으로 신전복합체를 이룬다.

카르나크 대신전의 대부분을 차지하는 아멘 대신전Great Temple of Amen은 그 구조가 크고 복잡하다. 스핑크스 참배 길, 열 개의 탑문, 두 개의 안마당, 두 개의 기둥 홀, 세 개의 오벨리스크, 한 개의 성

스핑크스
사자의 몸에 숫양의 머리를 가진 신전의 수호신.
(아멘 대신전 첫째 탑문 앞)

스러운 연못과 성소 그리고 몇 개의 사당들이 있다. 뿐만 아니라 아멘 대신전 내에 콘스 신전, 오페트 신전, 프타 신전, 람세스 3세 신전, 투트메스 3세 축제전, 아멘호테프 2세 축제전 등 많은 신전들이 있다. 원래 이 신전은 운하로 나일강과 연결되어 있었다.

카르나크 대신전은 이집트의 모든 신전들이 그러하듯이 나일강을 따라 남북으로 배치되었다. 다만 그 안에 자리한 아멘 대신전만은 동서로 배치되어 있다. 람세스 2세가 만든 신 아멘의 신수인 사자의 몸에 숫양의 머리를 가진 스핑크스들이 양쪽으로 즐비하게 앉아있는 참배 길Cause-way이 신전 앞에 뻗어 있다. 지금은 도중에서 끊겨있지만, 원래 이 참배 길은 2㎞ 떨어져 있는 룩소르 신전과 연결되어 있었다. 참배길 끝에 아멘 대신전의 입구인 첫째 탑

아멘 대신전 안마당
타하르코의 파피루스 기둥과 피네잼의 석상이 서 있음.

문이 우뚝 서 있다.

이 탑문은 제30왕조의 초대 파라오 넥타네보 1세〈Nectanebo I: B.C.380~362〉가 세운 것이다. 탑문은 그 높이가 43m에 폭이 113m로 거대한 성문 같다. 이집트에서 가장 큰 탑문이다. 탑문 앞에 세티 1세가 세운 작은 오벨리스크가 서 있는데 그곳에 나일강과 연결되는 운하의 선착장이 있었다. 탑문의 바깥벽은 돋새김으로 장식되어 있고 그 위쪽에 나폴레옹 원정군이 새긴 비문이 남아있다.

첫째 탑문을 지나 안으로 들어가면 신왕국 제22왕조 때 증축한 첫째 안마당이 나온다. 안마당의 북에 세티 2세가 만든 성주사당 聖舟祠堂이 있다. 테베의 세 신 아멘, 무트, 콘스가 오페트 축제 Opet Feastival 때 사용할 성스러운 배를 두었던 곳이다. 안마당의 남쪽에 람스 3세의 신전이 있는데 신전의 작은 안마당에 양쪽으로 오시리

아멘 대신전 둘째 탑문
탑문 앞을 람세스 2세 상이 지키고 있음.

스 신 모양을 한 파라오의 기둥이 늘어서 있고 맨 안쪽에 작은 기둥 홀과 성소가 있다.

원래 젓째 안마당의 중앙에 말기 왕조시대 제25왕조의 누비아 출신의 파라오 타하르코〈Taharqo: B.C.690~664〉가 세운 10개의 거대한 파피루스 기둥을 가진 기둥복도가 있었다. 지금은 기둥 하나만 남아 있는데 그 기둥만 보더라도 기둥복도가 매우 웅장했음을 알 수 있다. 그 곁에 제21왕조시대 아멘 신의 신관인 피네젬Pinedjem의 거대한 석상이 서 있다. 붉은 화강암으로 만든 이 석상은 실제로는 람세스 2세의 석상이다. 피네젬이 자기 이름을 석상에 새겨 놓아 피네젬의 석상이라고 부른다. 석상의 다리 앞에는 람세스 2세의 왕녀의 작은 석상이 조각되어 있다.

안마당의 맨 안쪽에 서 있는 둘째 탑문은 신왕국 제18왕조의

누워있는 오벨리스크
(아멘 대신전)

마지막 파라오 호렘헤브 때 착공하여 제19왕조의 람세스 2세 때 완공했다. 이 탑문은 첫째 탑문과는 달리 높은 벽처럼 보인다. 탑문 앞에 한쪽 발을 앞으로 내밀고 서 있는 람세스 2세의 거상이 늠름하게 서 있다. 원래 두 체가 있었으나 하나만 남아 있고 다른 하나는 파괴되어 양 다리만 남아 있다.

둘째 탑문을 지나면 카르나크 신전의 하이라이트인 큰 기둥 홀열주실이 나온다. 이 기둥 홀은 고대 이집트의 기념건축물의 걸작 중 하나로 꼽히고 있다. 신왕국 제18왕조의 아멘호테프 3세〈Amenhotep III: B.C.1388~1351〉 때 착공하여 람세스 2세 때 완공되었다. 폭 102m, 안쪽 깊이 53m의 큰 홀에 134개의 거대한 돌기둥이 숲을 이룬다. 큰 기둥 홀의 중앙에 아멘호테프 3세가 세운 파피루스 기둥이 2열로 6개씩 12개가 서 있다. 높이 21m, 직경 3.6m의 큰 기둥으로 활짝 핀 파피루스 꽃 모양의 기둥머리는 그 둘레가 15m나 된다. 아멘호프 기둥의 양쪽에 람세스 2세가 세운 기둥이 122개가 서 있다. 그 높이가 13m에 직경이 2m의 큰 기둥으로 기둥머리는 꽃 봉우리 모양의 파피루스로 장식되어 있다. 큰 기둥 홀은 지붕으로 덮여 있었으나 지금은 없어지고 그 흔적만 남아있다. 큰 기둥 홀은 전체적으로 파피루스가 무성하게 자라고 있는 「원초의 바다」에 태양빛이 비쳐 천지가 창조되는 창조신화의 세계를 상징하고 있다.

큰 기둥 홀의 거대한 돌기둥에는 투트메스 3세의 연대기, 왕명표 등 매우 가치 있는 역사적 자료와 파라오가 신에게 제물을 바치는 모습, 성스러운 배의 행렬, 신전에서의 생활모습 등의 돋새김들이 새겨져 있다. 큰 기둥 홀을 에워싸고 있는 바깥벽에 카데시 전투에서 히타이트와 싸우는 람세스 2세의 용감한 모습, 히타이트와 체결한 평화조약의 조약문, 람세스 2세의 전승기념 돋새김들이 새겨져 있다. 큰 기둥 홀을 지나 안으로 더 들어가면 하트셉수트의 작은 사당Chapel이 있고 이어서 아멘호테프 2세의 셋째 탑문, 투트메스 1세[39]의 넷째와 다섯째 탑문, 투트메스 3세[40]의 여섯째 탑문이 잇달아 있다. 큰 기둥 홀의 오른쪽으로 꺾여서 제19왕조의 투트메스 3세의 일곱째와 하트셉수트의 여덟째 탑문에 이어 아홉째와 열째 탑문이 있다.

셋째 탑문과 넷째 탑문 사이에 기원전 13세기 무렵, 투트메스 1세가 세운 높이 21.8m, 무게 130t의 오벨리스크가 서 있다. 넷째 탑문과 다섯째 탑문 사이에는 하트셉수트 여왕이 세운 높이 30m, 무게 323t의 아스완산의 붉은 화강암으로 만든 오벨리스크가 서 있다. 투트메스 1세의 오벨리스크는 원래 2개가 있었으나 지금은 하나만

---

39) 영토를 최대로 확장하고 아멘 신전에 탑문, 오벨리스크, 대 열주실을 건조한 신왕국 제18왕조 3대 파라오.

40) 소아시아와 누비아 원정으로 영토확장하고 카르나크 신전 내에 탑문과 축제전을 건립한 신왕국 제18왕조 6대 파라오.

남아있다. 나머지는 로마의 라테라노의 산 조반니 광장에 서 있다.

하트셉수트의 오벨리스크는 2개 중 하나는 그대로 서 있으나 나머지 하나는 성지 가까이 넘어진 채 땅 위에 누워 있다. 이 오벨리스크에 여왕의 아버지 투트메스 1세를 기념하여 만들었다는 것과 여왕의 왕위계승을 정당화하는 내용이 히에로글리프로 새겨져 있다. 여섯째 탑문을 지나면 그 끝에 투트메스 3세의 축제전이 있다. 「아멘 신전의 식물원」이라고 불리는 이 축제전의 벽은 각종 식물의 돋새김으로 가득 차있다. 아멘 신전의 남쪽 모퉁이에 람세스 3세가 세운 콘스 신전이 있다. 고대 이집트의 전형적인 신전양식으로 지은 이 신전은 양쪽에 스핑크스 참배 길, 탑문, 기둥으로 둘러싸여 있는 안마당, 기둥 홀, 성소로 구성되어 있다.

대신전의 남쪽에 있는 무트 신전은 아멘호테프 3세가 세운 신전으로 탑문, 안마당, 기둥 홀, 사당 등이 있었고 700체가 넘는 여신상이 있었다. 지금은 대부분이 파괴되고 입구에 머리 없는 파라오의 거상과 무트 여신의 신전 유구, 그리고 초생달 모양의 빈터만이 남아 있다. 아멘 대신전의 첫째 탑문의 동쪽에 있는 아크엔아텐 신전은 아멘호테프 4세가 종교개혁을 단행하고 왕도를 아마르나로 옮겨가기 전에 세운 신전이다. 이 신전은 파라오 호렘헤브시대에 파괴되었으며 3만 6천개 이상의 돌이 카르나크 대신전의 탑문을 짓는데 재사용되었다. 아멘 신전의 북에 있는 멘투 신전은 테베의 오랜 지방 신으로 매의 모습을 한 전쟁의 신 멘투를 위해 세운 신전이다. 이 신전은 아멘호테프 3세가 세운 것으로 현재 기념문만 남아 있다. 그 부근에 창조신 프타를 위해 세운 프타 신전이 있다.

하트셉수트 여왕의 오벨리스크 (아멘 대신전의 넷째와 다섯째 탑문 사이)

룩소르 신전 입구의 조각들 람세스 2세의 두상, 좌상, 오벨리스크.

아멘의 남쪽궁전 룩소르 신전

30

꽃을 바치고 향수를 뿌리고 – 룩소르의 오페트 축제

카르나크 대신전의 남으로 그리 멀지 않는 곳에 룩소르 신전Temple of Luxor이 있다. 카르나크 대신전의 부속 신전으로 「아멘의 남쪽의 궁전Amen's southern harem」이라고도 불린다. 지금은 도중에서 끊겼지만, 원래 두 신전은 사자의 몸에 사람의 머리를 가진 안드로 스핑크스가 나란히 앉아 있는 참배 길로 연결되어 있었다.

신왕국시대에 해마다 나일강이 범람하기 시작하면, 룩소르 신전에서 아름다운 「오페트 축제Opet Festival」라고 불리는 수확제가 성대하게 열렸다. 이 축제에 카르나크 대신전의 주신 아멘과 그의 처 무트 여신, 아들 신 콘스가 참가했다. 황금으로 만든 세 신의 신상이 성스러운 배 모양의 신여神輿에 실려 스핑크스 길을 지나 룩소르 신전에 도착하면 화려한 축제가 시작되었다. 축제는 열하루 동안 계속되었다. 축제에 참가한 고대 이집트인들은 아멘 신에게 꽃

람세스 2세 입상
(룩소르 신전 탑문 앞)

룩소르 신전 첫째 탑문

람세스 2세 좌상이 지키고 있는 신전 입구.

을 바치고 향수를 뿌리고 소와 술을 올렸다. 그리고 그들은 신으로부터 축복과 은총을 받았다.

이 성대한 축제의 모습은 룩소르 신전의 큰 기둥복도 열주실 의 벽에 상세히 돋새김 되어 있다. 축제에서 아멘 신이 파라오의 힘을 부활시켜주는 의식을 거행하여 파라오와 아멘 신은 일체라는 것을 백성들에게 널리 알렸다. 이 축제행사는 지금도 테베에 전해내려오고 있다. 해마다 룩소르 시민들은 축제를 열고 아멘의 신상을 신여 대신 말이 끄는 수레에 싣고 룩소르 시내를 돌며 축제를 즐긴다. 이 오페트 축제는 현재 유럽에서 열리는 사육제의 기원이 되었다.

룩소르 신전은 기원전 14세기, 신왕국 제18왕조의 아멘호테프 3세가 아멘 신의 여름 별장으로 오페트 축제 때만 사용하기 위해 지은 작은 신전이었다. 이것을 제19왕조의 람세스 2세를 비롯하여 투트메스 3세[41], 하트셉수트 여왕, 투탕카멘 그리고 알렉산더 대왕에 이르기까지 여러 파라오들이 계속 증축하여 지금 같은 큰 신전이 되었다. 그 중에서도 아멘호테프 3세는 영토 확장의 야망을 과시하기 위해 큰 기둥복도와 둘째 안마당을 건설했다. 아멘호테프 3세의

41) 신왕국 제20왕조 2대 파라오. 바다의 민족의 침입을 격퇴. 해외 원정을 통해 적극적으로 영토를 확장하고 평화와 변영을 구축한 파라오.

야망을 이어받아 영토를 확장한 람세스 2세도 첫째 탑문, 오벨리스크, 첫째 안마당을 증축했다.

룩소르 신전은 첫째 탑문에서 성소까지 그 길이가 260m나 된다. 신전은 첫째 탑문 - 첫째 안마당 - 둘째 탑문 - 큰 기둥복도 - 둘째안마당 - 작은 기둥복도 - 전실 - 알렉산더 대왕의 방 - 탄생의 집 - 성소가 나일강과 나란히 남북 일직선으로 배치되어 있다.

사자의 몸에 사람의 얼굴을 가진 스핑크스가 나란히 안치되어 있는 참배 길을 따라가면 신전 입구인 첫째 탑문이 북쪽을 향해서 있다. 스핑크스길은 넥타네보 1세가 만든 것이다. 너비 65m, 높이 25m의 첫째 탑문은 람세스 2세가 세운 것이다. 고대 로마의 개선문이나 프랑스혁명 직후에 나폴레옹이 파리에 세운 에투알 개선문은 이 탑문을 본 따서 만들었다고 한다. 탑문 앞에 원래 화강암으로 만든 람세스 2세의 좌상 두 체와 입상 네 체가 있었다. 지금은 좌상 두 체와 높이 15m의 람세스 2세의 입상 한 체만이 남아 있다. 두 체의 입상은 파리의 루브르 박물관에 있다.

탑문의 좌우에 람세스 2세가 만든 오벨리스크 두 개가 나란히 서 있었다. '태양이 뜨고 지는 지평선'이라고 불린 이 오벨리스크는 높이 25m의 분홍색 화강암으로 만들었다. 지금은 왼쪽 오벨리스크 하나만 남아 있다. 오른쪽 오벨리스크는 1831년에 이집트의 총독 무함마드 알리가 프랑스의 전설적인 시민 왕 루이 필립에게 선사하여 현재 파리의 콩코르드 광장에 서 있다. 이 오벨리스크를 운반해서 가져가 세우는데 5년이 걸렸다. 첫째 탑문의 바깥벽은 람세스 2세의 카데시 전투 모습을 새긴 돋새김과 그의 업적을 새긴 그

룩소르 신전의 둘째 탑문
탑문을 지키고 있는 람세스 2세 상. 뒤로 기둥 홀이 있음.

림분자로 장식되어 있다.

첫째 탑문을 지나면 72개의 파피루스 기둥이 에워싸고 있는 람세스 2세의 안마당이 나온다. 기둥 사이에 람세스 2세의 입상들이 서 있다. 안마당 왼쪽에 13세기 무렵, 이슬람의 성자 아부 알 하자지 Abu-al Haggag를 위해 지은 모스크가 있다. 오른 쪽에는 람세스 2세가 세운 테베의 세 신이 타고 다닌 성스러운 배를 안치해 뒀던 성주 사당이 있다. 람세스 2세의 안마당에 이어서 람세스 2세의 석상이 서 있는 둘째 탑문이 나온다. 그 옆에 어린 파라오 투탕카멘과 왕비 네페르티티의 입상이 서 있다.

둘째 탑문을 지나면 룩소르 신전의 중심인 아멘호테프 3세가 세

첫째 안마당의 람세스 2세상들

운 큰 기둥복도가 나온다. 길이 52m의 이 기둥복도에 높이 19m의 거대한 파피루스 기둥이 2줄로 14개가 나란히 서 있다. 기둥복도의 벽에는 투탕카멘 때 새긴 오페트 축제의 모습을 담은 돋새김이 있다. 룩소르 신전도 그렇지만 고대 이집트의 신전에 많은 기둥이 서 있는 것은 고대 이집트의 창조신화에서 유래된 것이다. 거대한 기둥이 하늘을 받치고 있고 이를 통해 하늘에 도달할 수 있다는 것을 상징하고 있다. 기둥의 모양은 습지에서 자라는 식물의 줄기를 상징하는 파피루스와 로터스를 나타내고 있다.

큰 기둥복도를 지나 안으로 들어가면 신왕국시대 절정기에 아멘호테프 3세가 만든 둘째 안마당이 나온다. 이 안마당은 64개의

아멘 대신전의 둘째 안마당의 기둥들

가운데 기둥 사이에 안쪽에 성소가 있음.

꽃핀 모양의 파피루스 기둥이 안마당의 삼면을 이중으로 둘러싸고 있다. 이어서 32개의 기둥이 서 있는 작은 기둥 홀이 있고 그 안쪽에 두 개의 전실이 있다. 전실은 기원전 4세기 무렵, 콥트교회의 예배장소로 사용했는데 그 꼭대기의 대들보에 예수와 12제자의 그림과 십자가의 흔적이 남아있다.

사당에 이어 성소가 있다. 신이 거주하는 방으로 신상이 안치되어 있었다. 성소의 벽은 장제문서에서 발췌한 「밤과 낮의 태양선」을 담은 돋새김으로 장식되어 있고 알렉산더 대왕의 이름과 아멘호테프 3세의 이름이 나란히 새겨져 있다. 그리고 알렉산더 대왕이 존경했다는 이집트의 나폴레옹 투트메스 3세를 찬양하는 비문이 있다. 그 안쪽에 있는 알렉산더 대왕이 세운 성주 사당이 있다. 흥미로운 것은 사당의 동쪽에 자리한 맘미시mammisi라고 불리는 탄생의 집이다. 맘미시란 콥트어로 '탄생의 장소'라는 뜻이다. 이곳은 파라오가 신의 아들로서 탄생했다는 것을 정당화하기 위해 만든 특수한 목적을 가진 방이다. 룩소르 신전의 탄생의 집에는 아멘호테프 3세의 어머니가 수태해서부터 신의 아들 파라오가 탄생하고 신의 축복을 받으면서 성장하는 모습과 창조신 크눔이 인간을 창조하는 모습의 돋새김도 있다.

그밖에 카르나크신전과 룩소르 신전 사이에 룩소르 박물관Luxor Museum과 미라 박물관이 있다. 1975년에 개관된 룩소르 박물관에는 테베 일대에서 발굴된 초기 왕조시대부터 신왕국시대까지의 유물들을 전시하고 있다. 볼만한 전시물로는 입구의 오른쪽에 높이 2.15m의 적색 화강암으로 만든 아멘호테프 3세의 머리 상, 왕들의 골짜기의 무덤에서 발굴된 투탕카멘 입상, 카르나크 신전에서 발굴된 양의 머리를 가진 하트호르 여신상, 하트셉수트 여왕의 돋새김, 람세스 3세의 작은 오벨리스크 따위가 전시되고 있다. 2층의 서쪽에 있는 아마르나시대에 만든 탈라타트talatat라고 불리는 사암으로 만든 블로크에 새긴 벽화 모자이크가 유명하다. 미라 박물관에는 죽은 자의 미라와 동물의 미라가 전시되고 있

람세스 2세 좌상
(룩소르 신전)

룩소르 신전의 야경

으며 미라를 만드는 과정이 상세히 설명되어 있다.

매일 밤, 카르나크 대신전에서 「빛과 소리의 향연」이 열린다. 쇼는 입구, 둘째 탑문 앞, 일곱째 탑문 앞, 성지 등 신전 안을 빛과 소리로 안내하면서 진행되는데 한번 볼만하다.

하트호르 기둥 (하트셉수트 장제전)

WEST LUXOR

VIII. 영원한 안식처
룩소르 서안

오시리스 기둥 (하트셉수트 장제전)

죽은 파라오의 집 장제전

31

나일강 서안 곳곳에 산재해 있는 죽은 파라오의 집들

천년 왕도 테베의 네크로폴리스였던 룩소르의 나일강 서안에는 죽은 파라오의 집인 장제전葬祭殿과 영원한 안식처인 암굴무덤들이 있다. 나일강 동안에서 그곳에 가려면 옛날에는 배로 나일강을 건너가야 했다. 지금은 육교가 생겨 차로 쉽게 건너갈 수 있으나 아직도 옛날처럼 배로 강을 건너가는 관광객도 많다.

파라오가 죽으면 그 유해를 성스러운 배에 싣고 나일강 서안에 있는 하안신전河岸神殿으로 옮기고 유해를 깨끗이 하는 의식을 거행한 다음에 미라를 만들었다. 미라가 된 파라오의 유해는 참배 길을 따라 장제전으로 옮겨졌다. 그곳에서 최고신관이 죽은 파라오가 내세로 가는데 필요한 부활의식을 거행했다. 부활의식 중 가장 중요한 의식은 장제전의 안뜰에서 표범의 모피를 몸에 두른 최고신관이 주문을 외우면서 거행하는 입을 여는 의식Opening of Mouth ceremony이었다. 고대 이집트인들은 미라가 된 파라오의 입을 열어주

황금 마스크

(누비아박물관-아스완)

입을 여는 의식

죽은 자의 입을 열어주어 다시 생명을 얻게 하는 의식.

면 영혼이 들어가 생명이 다시 살아나 죽은 파라오가 내세에서 먹고 말하고 보고 듣고 숨 쉴 수 있게 된다고 믿었다. 이 의식을 하는 동안에 죽은 파라오의 후계자는 파라오의 즉위 의식을 동시에 거행했다. 이 의식이 끝나면 파라오의 미라는 무덤으로 옮겨져 관 속에 넣고 부장품과 함께 지하에 마련된 널방에 안치되었다. 마지막으로 철퇴의식을 거행한 다음에 무덤은 완전히 봉쇄되었다.

미라는 포르투갈어의 「미라 mirra」에서 유래되었다. 영어의 「머미 mummy」는 이집트의 미라를 처음 본 페르시아인들이 미라에 칠한 송진이 검게 부식된 것을 보고 페르시아어로 「무미아 moummia:역청」라고 부른데서 유래되었다. 사람이 죽으면 우선 소금의 일종인 나트론 Natron:천연탄산소다을 사용하여 유해의 물기를 제거했다. 그 다음에 심장만 남겨두고 간, 허파, 위장, 창자 등 내장을 꺼내어 특별히 제작된 네 개의 캐노푸스 단지 canopic jars에 담아서 별도로 보관했다. 그리고나서 온 몸에 식물성 방부제를 바르고 아마포 亞麻布로

캐노푸스 단지

미라를 만들 때 죽은 자의 내장을 넣는 단지.

몸을 감싼 다음에 그 위에 향수와 송진을 부었다. 미라를 만드는데 70일 걸렸다. 특히 머리는 생명의 중심으로 여겼기 때문에 마스크를 씌워 보존했다.

장제전은 무덤에 부속된 죽은 파라오의 집이었다. 장제전에서 장례식과 함께 파라오가 내세에서 재생·부활하도록 기원하는 의식을 올렸다. 그리고 장제전은 죽은 후에 신격화된 파라오가 머무는 곳이기도 했다. 장제전에는 죽은 파라오의 「카」를 상징하는 조각상을 안치하고 벽은 죽은 파라오의 공적을 신에게 알리기 위한 돋새김으로 장식했다. 고왕국과 중왕국시대에는 기자의 피라미드나 사카라의 계단 피라미드에서 볼 수 있듯이 파라오의 무덤이 있는 곳에 장제전을 함께 만들어 피라미드 복합체를 이루었다. 그러나 신왕국시대에는 도굴을 방지하기 위해서 파라오의 무덤과 떨어져서 장제전을 만들었다. 파라오의 무덤은 나일강에서 떨어진 사막의 깊숙한 바위 골짜기에 만들었다. 그리고 장제전은 무덤의 동쪽, 무덤과 나일강 사이의 녹지대에 신전 못지않게 크고 화려하게 만들었다. 처음에는 장제전을 죽은 파라오의 재생·부활을 기원하는 장소로만 사용했으나 나중에는 여러가지 목적으로 사용했다. 대표적인 예가 제18왕조의 하트셉수트 여왕은 장제전을 여왕의 공적을 홍보하는 기념신전으로 사용했고 람세스 2세는 장제전을 추운 겨울을 피해 거주하는 이궁離宮으로 사용했다.

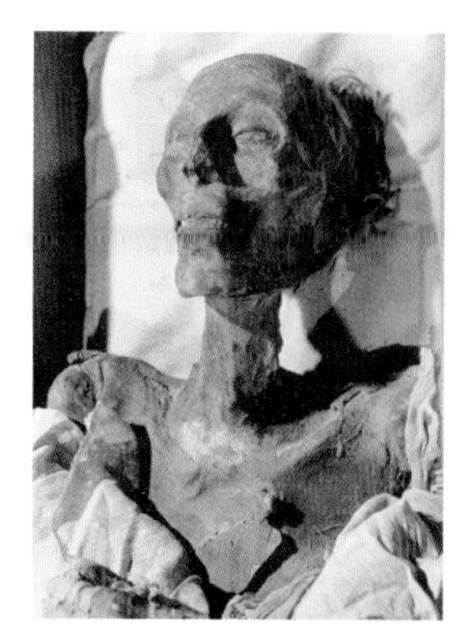

람세스 2세의 미라
(이집트 박물관)

현재 룩소르의 서안에 모두 서른여섯 개의 장제전이 남아있다. 이 가운데 멤논 거상만 남아 있는 아멘호테프 3세[42]의 장제전, 쿠르나 장인 마을 부근의 세티 1세 장제전, 데이르 엘-바하리의 하트셉수트 여왕의 장제전, 그리고 맨 남쪽에 자리한 메디네트·하부의 람세스 3세의 장제전이 비교적 보존이 잘되어 있어 관광객이 많이 찾는다.

멤논 거상(Colossi of Memnon)

나일강 서안으로 육교를 건넌 다음에 북으로 왕들의 계곡을 향해 올라가면 맨 먼저 두 체의 거상을 만난다. 콤 엘-헤이탄Kom el-Heitan의 허허 벌판에 덩그러니 앉아 있는 큰 돌 조각이 멤논 거상이다. 3천 4백여 년 전에 신왕국 제18왕조의 아멘호테프 3세가 장제전 입구에 세운 것이다. 이 장제전은 너무 나일강 가까이 지었기 때문에 홍수로 파괴되어 없어지고 장제전 앞에 세웠던 아멘호테프 3세가 왕관을 쓰고 앉아 있는 모습의 두 체의 거상만 남아있다. 아멘호테프 3세는 아시리아와 팔레스티나까지 영토를 확장하여 고대 이집트의 기틀을 확고하게 만든 위대한 파라오였으며 람세스 2세에 못지않게 많은 기념건축물을 세웠다.

기원 전 1세기부터 많은 로마인들과 그리스인들이 이집트를 관광했다. 그들이 가장 보고 싶어 했던 것이 기자의 세 피라미드와 이 멤논 거상이었다. 그리스인들은 이 거상을 보고 호메로스의 영

42) 그리스어로 아메노피스 3세라고도 함. 신왕국시대 제18왕조의 10대 파라오. 이집트의 영토를 가장 크게 확장. 종교개혁을 단행한 아멘호테프 4세의 아버지. 카르나크-룩소르 신전과 멤논 거상을 건조.

멤논 거상
새벽마다 우는 소리를 내어 우는 거상이라고 불리었음.
(아멘호테프 3세 장제전)

웅 서사시 〈일리아드〉의 트로이 전쟁 이야기에 나오는 아이기스토스Aegisthus에게 살해된 대 영웅 아가멤논Agamemnon을 닮았다고 생각했기 때문이다. 그래서 그들이 아멘호테프 3세의 거상을 「멤논 거상」이라고 이름을 붙인 것이 유래가 되어 지금까지 그렇게 부르고 있다.

기원 전 27년 무렵, 큰 지진이 있었는데 그 뒤로 해가 뜰 때가 되면 거상이 우는 소리를 냈다. 그 소리가 아이기스토스에게 살해된 멤논이 매일 아침 그의 어머니인 새벽의 여신 에오스Eos를 그리워하며 우는 소리라고 여겨 「우는 거상」이라는 별명까지 붙었다. 이 거상의 밑 부분에 로마인들과 그리스인 관광객들이 남긴 낙서가 많이 남아있다. 그 중에 「해가 뜨고 나서 1시간 후에 멤논 거상의 우는 소리를 두 번 들었다」고 쓴 로마 황제 하드리아누스의 왕비가 남긴 낙서도 있다. 그들은 거상을 보는 것 보다는 거상에서 나는 소리를 듣기 위해 왔다고 한다.

한 개의 큰 규암을 깎아 만든 높이가 16.6m에 무게 1,000t이 되는 이 거상을 고대 이집트인들은 「통치자 중의 통치자Ruler of Rulers」라고 불렀다. 북쪽 거상의 다리에 아멘호테프 3세의 어머니 무템위야Mutemwiya, 남쪽 거상의 다리에는 왕비 티위Tiy와 딸이 조각되어 있다. 거상의 기조에 상하 두 이집트를 상징하는 로터스와 파피루스를 나일 신 하피가 묶는 의식을 담은 세마타위Samtaui라고 불리는 돋새김이 새겨져있다. 199년, 로마 황제 셉티미우스 세베루스Septimius Severus가 이 거상을 보수하고 나서는 울음이 그쳤다.

람세스 2세 머리상

땅에 뒹굴고 있는 머리상. (람세스 2세 장제전)

람세스 2세 장제전(Ramesses II Mortuary Temple)

멤논 거상에서 북으로 왕들의 계곡을 향해 가면 도중에 람세스 3세의 장제전, 쿠르나 장인 마을, 귀족들의 무덤, 세티 1세의 장제전이 있다. 이어서 테베 네크로폴리스의 중심인 메디네트 하부Medinet Habu에는 람세스 2세의 장제전葬祭殿 라메세움Ramseum이 있다. 이 장제전은 위대한 파라오 람세스 2세가 20년 걸려 완성하였다. 동서 260m, 남북 170m의 넓은 부지에 바깥벽, 두 개의 탑문, 두 개의 안마당, 한 개의 기둥 홀이 있는 큰 장제전이다. 고대 이집트의 대부분의 신전이나 장제전들이 탑문을 진흙 벽돌로 만들었으나 이 장제전만은 돌로 만들었다.

오시리스 기둥
람세스 2세 장제전의 기둥 홀.

원래 둘째 탑문 앞에 람세스 2세의 오시리스 기둥 네 개가 나란히 서 있었다. 그 옆에 오지만디아스[43] Ozymandias 라고 불리는 람세스 2세의 좌상이 있었다. 그 높이가 6층 건물에 해당하며 귀의 길이가 1m가 넘는 거대한 조각상이었다. 지금은 파괴되어 거상의 각 부분이 장제전의 곳곳에 흩어져 땅에 뒹굴고 있다. 허물어진 첫째 탑문 벽과 둘째 탑문 벽에는 람세스 2세가 히타이트를 굴복시키는 모습의 돋새김이 장식되어 있다. 첫째 안마당의 기둥 홀의 입구에는 오시리스의 몸에 람세스 2세의 얼굴을 새긴 오시리스 네모기둥이 서 있고 그 앞에 파라오의 거대한 머리가 땅에 뒹굴고 있다.

43) 왕 중의 왕이라는 뜻. 람세스 2세의 그리스어 즉위명.

오지만 디아스의 무너진 거상
오만디스는 왕 중의 왕이라는 뜻으로 람세스 2세를 가리킴.

48개의 아름다운 파피루스 기둥이 서 있는 기둥 홀에는 어두운 방에 높은 창을 통해 햇빛이 들어와 천지창조때의 원초의 바다를 상징하고 있다. 큰 기둥 홀의 동쪽 벽에는 카데시 전투에서의 람세스 2세의 전투 모습, 안쪽 벽에는 매년 테베의 나일강 서안에서 열리는 「계곡의 아름다운 축제」 모습이 담겨 있다. 8개의 둥근 기둥이 서 있는 작은 기둥 홀의 천정에는 밤하늘을 36개의 별로 나누어 묘사한 천체도가 있다.

람세스 2세는 말기에 델타지역의 페르·라메수로 왕도를 옮겼다. 그러나 그곳은 지중해성 기후로 겨울에 비가 오고 춥기 때문에 이 장제전에 이궁離宮을 짓고 그곳에서 겨울을 보냈다. 이 장제전에 있었던 람세스 2세의 거대한 흉상은 현재 런던의 대영박물관이 소장하고 있다.

람세스 3세 장제전(Ramesses III Mortuary Tample)

성처럼 거대한 람세스 3세 장제전의 탑문

람세스 2세 장제전의 남서로 조금 떨어져 있는 메디나 하브Medina Habu, 이곳에 보존 상태가 좋고 매우 아름다운 제20왕조의 파라오 람세스 3세〈B.C.1183~1152〉의 장제전이 있다.

장제전과 왕궁이 함께 있는 특수한 구조를 이룬 이 장제전은 탑문-안마당-기둥 홀-성소가 일직선으로 배치되어 있다. 신왕국 시대의 전형적 구조의 장제전으로 전체가 높은 벽으로 둘러싸여 있어 마치 성처럼 보인다.

높이 22m의 거대한 첫째 탑문의 벽은 람세스 3세가 태양신 아멘-라의 앞에서 전쟁의 승리를 축하하는 모습, 적의 포로들을 죽이는 모습 등 4개의 큰 돌새김으로 장식되어 있다. 탑문의 뒷벽에 새

신전 탑문 돋새김
(람세스 3세 장제전)

겨져 있는 들소를 사냥하는 모습의 돋새김이 유명하다.

첫째 탑문을 지나 안으로 들어가면 남북 양쪽에 큰 기둥이 즐비하게 서 있는 첫째 안마당이 나온다. 안마당을 둘러싼 벽에는 람세스 3세가 「해양의 민족」을 격퇴하는 모습이 돋을새김되어 있다. 둘째 탑문을 지나 사방이 큰 기둥복도로 둘러싸여 있는 둘째 안마당의 동쪽과 서쪽 복도는 오시리스 기둥으로, 남쪽과 북쪽 복도는 파피루스 기둥으로 꾸며져 있다. 기둥과 벽에는 전투 장면, 오시리스 신과 풍요의 신 민Min의 종교의식을 거행하는 모습의 돋새김으로 가득 차있다. 둘째 안마당의 안쪽에 테베의 세 신을 모신 성소가 있다. 해마다 이 장제전에서 「10일 축제」가 열렸는데 카르나크 대신전의 아멘 신이 나일강을 건너 와서 참가했다.

하트셉수트 장제전
불타오르는 듯한 단애 절벽에
둘러싸여 있는 장제전.
설벽 너머가 왕들의 계곡.

하트셉수트 장제전(Mortuary Temple of Hatshepsut)

람세스 3세 장제전에서 북으로 조금 떨어진 사막에 있는 데이르 엘-바하리Deir el-Bahari, 붉게 타오르는 듯 한 단애절벽이 병풍처럼 둘러져 있는 이곳에 신왕국 제18왕조의 여왕 하트셉수트〈Hatshep-sut: B.C.1503~1482〉의 장제전이 화려하게 서 있다. 그 곁에 폐허가 된 중왕국 제11왕조의 멘투호테프 2세〈Mentuhotep: B.C.2046~1995〉의 장제전 터가 있다.

하트셉수트는 투트메스 1세〈Thutmose I: B.C.1504~1492〉의 장녀이며 이복 오빠인 투트메스 2세의 왕비였다. 투트메스 2세가 죽자 하트셉수트는 아직 나이 어린 후궁의 아들 투트메스 3세의 섭정을 하다가 스스로 여왕이 되었다. 여왕은 파라오 모습으로 남장을 하고 턱

수염까지 달고 파라오처럼 나라를 다스렸다. 여왕은 파라오가 된 것을 정당화 하고 과시하기 위해 많은 기념건축물을 세웠으며 광산의 확보와 교역 확장을 위해 영토를 시나이 반도와 푼트Punt: 지금의 수단 부근까지 확장했다. 그러나 여왕이 죽은 뒤 투트메스 3세는 여왕이 세운 기념물을 모두 파괴해 버리고 모든 기념물에서 여왕의 이름을 삭제해버렸다.

15년 걸려 만든 하트셉수트 장제전은 3층으로 된 거대한 테라스를 기둥이 떠받치고 있는 독특한 구조를 이룬다. 테라스의 중앙에 있는 비탈길을 따라 올라가면 바로 성소에 이른다. 테라스 안쪽 벽은 채색벽화로, 기둥은 아름다운 돋새김으로 장식되어 있다. 1층 테라스의 복도에는 22개의 여왕의 얼굴이 새겨진 오시리스 기둥이 즐비하게 서 있다. 복도 벽은 오벨리스크의 건립 모습, 여왕의 탄생 모습, 그리고 여왕의 위업을 담은 돋새김으로 장식되어 있다. 2층 테라스의 복도에는 15개의 둥근 기둥과 44개의 네모기둥으로 된 복도가 있다. 복도 벽은 여왕의 생애를 담은 돋새김, 여왕의 왕위 계승을 정당화하여 신 아멘의 딸로 태어났다는 것을 나타내는 탄생의 모습, 그리고 전설의 나라 푼트 원정의 모습이 돋을새김되어 있다.

하트셉수트 여왕의 얼굴상

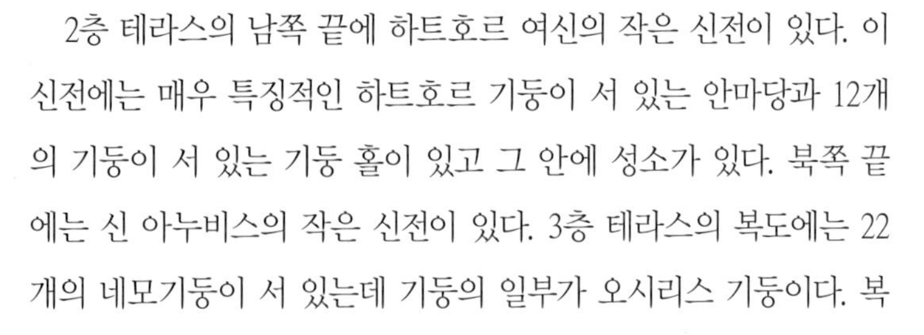

2층 테라스의 남쪽 끝에 하트호르 여신의 작은 신전이 있다. 이 신전에는 매우 특징적인 하트호르 기둥이 서 있는 안마당과 12개의 기둥이 서 있는 기둥 홀이 있고 그 안에 성소가 있다. 북쪽 끝에는 신 아누비스의 작은 신전이 있다. 3층 테라스의 복도에는 22개의 네모기둥이 서 있는데 기둥의 일부가 오시리스 기둥이다. 복

신전 지킴이
(하트셉수트 장제전)

도 앞 안마당의 북쪽에 태양신 라 호르아크티의 성소, 남쪽에 투트메스 1세의 성소, 하트셉수트 여왕의 성소, 태양신 아멘-라의 암굴 성소가 있다. 이 장제전은 7세기 무렵부터 콥트교의 수도원으로 사용되었고 15~16세기 무렵에는 교회로 사용되었는데 그 흔적이 기둥이나 벽에 남아 있다. 장제전을 둘러싸고 있는 바위산 너머에 왕들의 계곡이 있으며 하트셉수트의 무덤도 그곳에 있다.

아름다운 신전 기둥 (람세스 3세 장제전 기둥홀)

파라오의 안식처 왕들의 계곡

32

18세에 의문사를 당한 투탕카멘의 호화찬란한 유물이 발굴된 곳

고대 이집트인들은 죽은 뒤에 육체는 없어지지만, 영혼은 재생·부활하여 내세에서 영생한다고 믿었다. 그러기 때문에 그들은 죽은 뒤에 내세에서 살 집이 필요했다. 이것이 무덤이었다. 그들은 무덤을 「영원한 집」이라고 불렀다. 생전에 살았던 집처럼 꾸민 무덤안에 각종 가구와 샤브티 Shabti 라고 불리는 내세에서 죽은 사람 대신에 노동을 해줄 사람의 조각을 돌이나 청동으로 만들어 함께 묻었다.

투탕카멘의 캐노푸스

룩소르 나일강 서안에 있는 높이 450m의 알-쿠른 Al-Qurn 산은 그 꼭대기가 천연의 피라미드처럼 생겼다. 신왕국시대에 그 메마른 바위산의 깊숙한 계곡에 바위를 뚫고 파라오, 왕비, 귀족들의 암굴무덤을 만들었다. 왕조시대에 무덤의 도굴이 매우 심했다. 그래서 고왕국과 중왕국시대에는 파라오의 무덤은 피라미드처럼 눈에 띄기 쉽게 그리고 크고 튼튼하게 만들어 도굴을 방지하려고 했다.

그런데도 무덤들은 예외 없이 모두 도굴되었고 심지어 미라까지도 없어졌다. 피라미드는 죽은 파라오들의 영원한 안식처가 될 수 없었다.

신왕국시대에 들어와서는 피라미드 모양의 바위산의 깊숙한 메마른 계곡에 바위를 뚫고 그 속에 무덤을 만들었다. 이렇게 만든 암굴무덤 역시 투탕카멘의 무덤을 제외하고는 모두 도굴되었다.

현재 이 일대의 바위산 계곡의 곳곳에 삼천년 이상 된 신왕국시대의 암굴무덤 약 800기가 모여 있다. 이곳 암굴무덤의 기본구조는 입구-계단-통로-부속 방-널방으로 되어 있다. 다만 암굴무덤의 크기와 모양이 모두 다르다. 파라오의 통치기간이 길수록 무덤의 규모가 크고 내부 장식이 화려하다.

암굴무덤 내의 벽은 『사자의 책Book of the Dead』을 비롯하여 각종 장제문서에서 발췌한 주문들을 극채색의 그림이나 히에로글리프로 장식하고 있다. 그 내용은 대부분이 죽은 자가 명계의 지배자인 오시리스가 다스리는 내세에서 재생·부활하여 영생을 얻도록 해달라는 기원을 담고 있다. 대표적인 암굴무덤 유적으로 왕들의 계곡, 왕비들의 계곡, 귀족들의 계곡, 직인들의 마을이 있다.

왕들의 계곡(Valley of the Kings)

알 쿠른 산 아래 깊숙이 뻗어 있는 삭막한 모래 계곡에 왕들의 계곡Valley of the Kings이 자리한다. 계곡입구에서 여러 명이 탈 수 있는 긴 카트를 타고 바위산 기슭으로 깊숙이 들어가면 곳곳에 암굴무

왕들의 계곡
룩소르 나일강 서안의
엘 쿠룬산 아래
파라오의 암굴무덤이 모여 있는
모래 계곡.

덤들이 있다. 겉으로 보아서는 무덤처럼 보이지 않는다. 파라오의 무덤들 중에서 열 개정도의 무덤만 일반에게 공개하고 있다. 한 장의 입장권으로 세 무덤을 볼 수 있으나 유명한 투탕카멘의 무덤만은 별도로 입장권을 구입해야 한다.

왕들의 계곡은 타-세케아아트 Ta-sekheaat 라고 고대 이집트인들이 불렀던 곳으로 고대 이집트어로 「서쪽의 아름다운 계곡」이라는 뜻이다. 아랍어로는 「파라오들의 문」이라는 뜻으로 비벤 엘-무루크 Biban el Muluk 라고 불렀다. 이 메마른 사막의 바위 계곡에 신왕국 시대의 제18왕조부터 제20왕조까지의 파라오의 암굴무덤들이 모

투탕카멘의 황금관

명계의 지배자 오시리스를 모방한 인형관. 3중으로 된 관 중 가장 안쪽의 셋째 관.

여 있다. 모두 64기의 무덤들이 동서로 나뉘어 있는데 그 중 24기가 파라오의 무덤이다. 가장 오래된 것이 투트메스 3세의 무덤이며 가장 큰 것이 세티 1세의 무덤이다. 가장 작으면서 가장 유명한 것이 1922년에 62번째로 발견된 투탕카멘의 무덤이다.

이곳에 파라오의 암굴무덤을 처음 만든 것은 제18왕조의 투트메스 1세〈B.C.1504~1492〉였다. 피라미드를 연상할 수 있는 알 쿠른 산의 기슭에 암굴을 파서 무덤을 만든 것을 보면 신왕국의 파라오들도 역시 피라미드에 애착을 가졌던 것 같다. 그러나 이곳 암굴무덤도 모두 도굴되었기 때문에 제20왕조의 람세스 11세〈B.C.1103~1099〉 이후에는 이곳에 파라오의 무덤을 더 만들지 않았다.

왕들의 계곡에서 가장 유명한 무덤이 1922년에 영국의 고고학자 하워드 카터Howard Carter가 발견한 소년 파라오 투탕카멘의 무덤이다. 이 무덤은 아무도 손을 대지 않은 채로 발견되어 전 세계를 놀라게 했다. 발견 당시 무덤은 유물로 가득 차 있어 마치 보물창고 같았다. 그의 미라와 함께 3천 5백여 점의 유물들이 발굴되었다. 유물을 기록하고 손상되지 않게 꺼내는데 8년이 걸렸다.

투탕카멘〈Tutankhamen: B.C.1366~1327〉은 제18왕조의 12대 파라오로 기원전 1325년 무렵, 9살에 파라오가 된 그는 9년 동안 이집트를 다스렸다가 18살에 죽은 단명의 소년 파라오였다. 처음에는 유일신 아텐 신앙을 상징하여 그의 이름을 투탕카텐이라고 했다. 후에 그는 신 아멘을 다시 국가최고신으로 섬기면서 아멘 신앙을 상징하는 투탕카멘으로 이름을 바꾸었다. 어린 투탕카멘은 장군 아이〈Ay: B.C.1327~1323〉와 재상 호렘헤브〈Horemheb: B.C.1323~1295〉의 도움으로 정권을 유지했다. 열여덟 살 때 의문의 죽음을 당한 투탕카멘은 왕들의 계곡에 묻힌 뒤, 3천 3백여 년 동안 잊혀 있었다. 그의 무덤을 발굴했을 때 금박으로 장식된 높이 165㎝의 두 입상이 권봉과 지팡이를 들고 널방의 입구를 지키고 있었다.

구석진 방에는 투탕카멘의 내장을 담은 황금으로 도금된 상자가 있었다. 이 상자의 사면에 투탕카멘의 간장을 지키는 여신 이시스, 폐를 지키는 여신 네프티스, 위를 지키는 신 네이트, 장을 지키는 신 셀케트가 새겨져 있었다. 상자 안에 내장을 각각 담은 4개의 캐노푸스가 있었고 심장은 미라 속에 그대로 남아 있었다.

셀케트 여신

투탕카멘의 캐노푸스를 장식하고 있는 여신. (이집트 박물관)

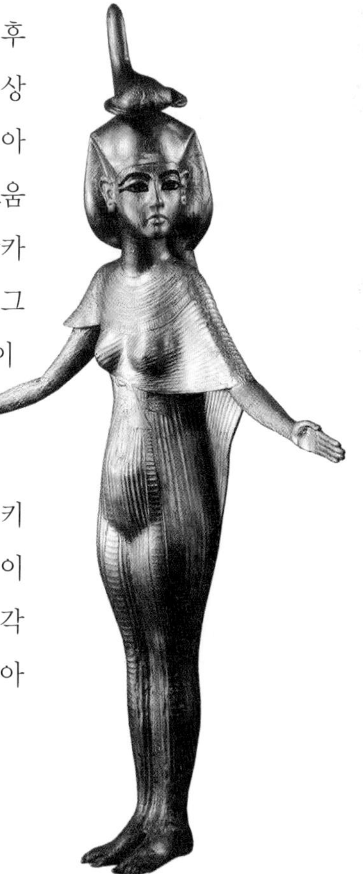

파라오의 미라는 4중으로 된 금박의 나무 상자 속에 3중으로 된 파라오의 모습을 따서 만든 인형관 안에 안치되어 있었다. 맨 안에 있던 인형관은 순금으로 만들었으며 그 속에 황금 가면을 쓴 투탕카멘의 미라가 누워 있었다. 미라는 여섯 쌍의 보석 귀걸이, 세 겹의 황금 목걸이, 열한 개의 팔찌, 열다섯 개의 반지, 여덟 개의 발목걸이 그리고 순금으로 만든 발가락 덮개로 단장하고 있었다.

전실은 사자와 소 모양의 침대, 황금 의자, 전차, 그림이 들어 있는 나무상자, 각종 장신구, 나무로 만든 파라오의 조각 등 내세에서 생활하는데 필요한 여러 가지 부장품으로 가득 차 있었다. 별실에는 의자, 책상 따위 세간들과 의복, 지팡이, 무기, 술병 등이 있었다. 그의 무덤은 동물 모습을 한 신상으로 장식되어 있었고 사람의 모습을 한 신들이 관을 지키고 있었다.

투탕카멘의 무덤에서 발굴된 유물들은 현재 카이로의 이집트 박물관의 2층 특별실에서 전시되고 있다. 왕들의 계곡에 있는 그의 무덤에는 빈 관과 아름다운 벽화들만 남아 있고 지하에 그의 미라가 석관에 안치되어 있다.

고대 이집트의 파라오의 무덤은 모두 도굴 당했으며 더욱이 19세기에 들어와서는 유럽인들이 약탈해 갔다. 그러나 투탕카멘의 무덤만은 람세스 6세의 무덤이 그 입구를 가리고 있었기 때문에 도굴을 면할 수 있었다. 투탕카멘의 무덤과 관련해서 그의 무덤을 파헤친 사람들은 저주를 받아 모두 일찍 죽었다는 「투탕카멘의 저주설」이 전해오고 있다.

투탕카멘의 무덤과 나란히 람세스 6세〈B.C.1142~1134〉의 무덤이 있

네페르타리와 이시스여신
(왕비의 계곡–룩소르 서안)

다. 그는 람세스 3세의 아들로 형 람세스 5세를 몰아내고 파라오가 되었으나 이렇다 할 업적을 남기지는 못했다. 직선 구조를 이루고 있는 그의 무덤은 매우 종교적으로 장식되어 있는 것이 특징이다. 무덤 통로의 벽화와 널방의 천정 그림이 모두 『문의 책』, 『동굴의 책』, 『낮의 책』, 『밤의 책』에서 발췌한 내용들이다. 무덤 전체가 죽은 자의 세계에 관한 종교문서로 꾸며져 있다.

왕들의 계곡의 가장 깊은 곳에 투트메스 3세의 무덤이 자리하고 있다. 투트메스 3세는 제18왕조의 파라오로서 어린 나이에 파라오가 되었으나 실제로 통치한 것은 그의 숙모인 하트셉수트 여왕이 죽은 뒤부터였다. 투트메스 3세는 멀리 중동까지 원정하여 영토를 확장하여 대제국을 세웠으며 고대 이집트의 위대한 파라오 가운데 하나로 꼽힌다. 무덤의 입구를 지나 16계단을 내려가 오른 쪽으로 돌면 전실과 널방이 나온다. 전실은 태양신을 만들어 낸다는 765명의 신들이 있다. 널방에는 누트 여신상이 조각된 붉은 규암으로 만든 석관이 놓여있다. 벽에는 장제문서 『암·두아트의 책』의 내용을 발췌하여 새겨놓았다.

아멘호테프 2세의 무덤은 크고 구조가 매우 복잡하나 매우 아름답다. 무덤 입구를 지나 파라오의 모습이 장식된 6개의 기둥이 서 있는 기둥 홀의 안쪽에 규암으로 만든 석관이 놓여 있는 널방이 있다. 이 석관에서 발견된 파라오의 미라는 현재 카이로의 이집트 박물관에서 전시되고 있다.

람세스 2세의 아버지 세티 1세의 무덤은 길이가 120m로 왕들의 계곡의 무덤들 중에서 가장 크다. 그는 이집트의 영토 확장과 아마르나시대에 폐쇄된 신전을 복원하는데 많은 노력을 했다. 무덤 입구에서 통로를 내려가면 기둥 홀 – 전실 – 널방이 일직선으로 배치되어 있다. 널방은 신들의 환영을 받고 있는 파라오, 입을 여는 의식 따위를 담은 벽화로 꾸며져 있다. 널방에 길이 3m의 석관이 안치되어 있다. 널방의 천장은 천체도로 장식되어 있다. 천체도의 성좌를 모두 동물로 표시한 것이 매우 흥미롭다. 세티 1세의 미라는 현재 카이로의 이집트 박물관에 안치되어 있다.

무덤 지킴이

투탕카멘 무덤의 널방 입구에 있던 무덤 지킴이. (이집트 박물관)

왕비들의 계곡 (Valley of the Queens)

왕들의 계곡에서 남동으로 1.5㎞ 떨어진 사막지대에 왕비들의 계곡Valley of the Queens이 있다. 고대 이집트인들은 이곳을 타 세트 네페르라고 불렀다. 고대 이집트어로 「아름다운 장소」라는 뜻이다. 원래 이곳은 신왕국시대의 왕자, 공주, 왕녀 등 왕족들의 무덤이었다. 왕비들의 무덤이 이곳에 자리 잡게 된 것은 계곡의 동굴이 무덤의 수호 여신 하트호르의 배와 자궁을 닮았고 그곳에서 흘러나오는 물이 죽은 자를 부활시킨다고 믿었기 때문이다. 무덤들은 대부분이 제18~20왕조시대의 왕족들의 무덤으로 현재 확인된 무덤만 해도 98기나 된다. 그 중 람세스 3세의 아들 아멘헤르케프세프Amenherkhepshef 왕자와 티티 왕비의 무덤을 포함하여 다섯 개의 무덤만 공개하고 있다.

왕비의 계곡에서 가장 유명한 무덤은 람세스 2세의 왕비 네페르타리의 무덤이다. 이 무덤 안에 있는 채색 벽화는 고대 이집트의 벽화 중에서 가장 아름다운 것으로 평가되고 있다. 그밖에 람세스 3세의 왕자의 무덤이 유명하다. 왕비들의 계곡의 무덤은 왕들의 계곡의 무덤에 비하면 그 규모가 작다. 무덤을 장식하고 있는 채색벽화는 대부분이 재생·부활·영생을 위한 장제문서 『사자의 책』에서 발췌한 내용들이다.

네페르타리 왕비는 람세스 2세가 「태양은 왕비를 위해 있다」고 했을 정도로 아름다웠다. 현재 이집트인들은 이집트 역사상 가장 아름다운 여인으로 아크엔아텐의 왕비 네페르티티, 람세스 2세의 왕비 네페르타리, 그리고 여왕 클레오파트라 7세를 꼽고 있다. 고대 이집트인들은 네페르타리를 「가장 아름다운 자」라는 뜻으로 네페르타리 메리엔-무트 Nefertari Merien-Mut 라고 불렀다. 내세에서도 아름다운 왕비와의 사랑이 계속되기를 기원했던 람세스 2세는 왕비의 무덤을 크고 아름답게 만들었다.

네페르타리 무덤은 입구 - 통로 - 널방이 일직선으로 배치되어 있다. 무덤의 내부 장식이 매우 아름답다. 천장은 천체도, 벽은 『사자의 책』에서 발췌한 그림들, 미라가 된 왕비의 유해를 여신들이 지키는 모습, 안전을 지켜주는 부적, 호루스의 눈을 나타낸 웨자트 Wedjat 로 장식되어 있다. 황금의 방이라고 불리는 널방은 벽화로 차 있다. 벽화는 모두 「사자의 책」에서 발췌한 것으로 죽은 왕비가 마법의 힘에 의해 부활하여 영생을 한다는 내용들이다.

룩소르의 나일강 서안에는 파라오의 무덤 외에 귀족들의 무덤 Tombs of the Nobles 이 있고 그밖에 일반 백성들의 무덤 약 400기가 남아 있다. 이들 무덤들은 즐거운 연회 모습, 사냥 모습, 농사짓는 모습, 그밖에 제례, 오락 등 당시의 서민들의 생활을 엿볼 수 있는 매우 서민적인 내용을 담은 채색 돋새김과 벽화들로 장식되어 있다. 대표적 무덤으로 「우는 여인」으로 유명한 라모제 Ramose 의 무덤, 최고 수준의 돋새김과 천장의 일부에 포도가 그려져 있는 센네페르 Sennefer 의 무덤, 그밖에 많은 벽화가 있는 나크트 Nakht 와 멘나 Menna 의 무덤을 들 수 있다. 귀족의 무덤 근처에는 직인들의 마을 유적인 데이르 엘-메디나 Deir el-Medina 가 있다. 신왕국시대에 왕들의 계곡과 왕비의 계곡에 무덤을 만든 직인들과 그 가족들이 모여서 살았던 집합주택의 유적이 남아있다.

세네젬 무덤의 벽화 명계의 지배자 오시리스와 무덤의 수호신 아누비스와 오시리스의 아들 호루스(왕비의 계곡)

매의 머리를 가진 호루스 신상 (호루스 대신전-에드푸)

그레코·로만 신전 룩소르 이남

33

오시리스 신화의 무대 에드푸 – 황금의 언덕의 콤 옴보

룩소르에서 아스완에 이르는 나일강 주변은 나일 계곡의 농경지대가 점점 좁아지고 붉은 사암 언덕이 점점 넓어진다. 「그레코·로만 신전지대」라고 불리는 이 일대에 프톨레마이오스시대와 로마시대에 세운 신전 유적들이 많이 남아 있다. 대표적인 신전 유적으로 에스나의 크눔 신전, 에드푸의 호루스 대신전, 콤 옴보의 하로에리스-소베크 신전이 있다. 이 지역의 여행은 룩소르와 아스완 사이를 다니는 나일강 크루즈를 이용하는 것도 좋다.

웨자트

호루스의 눈.
안전을 지켜주는 부적.

그레코·로만시대의 신전의 특징은 전체를 설계한 다음에 신전을 지었기 때문에 신전이 짜임새가 있고 균형미를 갖추고 있다. 반면 그 이전의 왕조시대의 신전들은 선대 파라오가 신전의 중심부분을 지으면, 그 뒤를 이어 파라오들이 증축했기 때문에 카르나크 대신전처럼 규모가 크고 구조가 복잡하다.

호루스 대신전의 외벽 (에드푸)

또한 그레코·로만시대의 신전은 기둥이 매우 화려하다. 한 기둥 홀에 여러 모양의 기둥이 섞여 있는 복합기둥 양식을 이루며 기둥에 새겨져 있는 돋새김이 매우 아름답고 정교하다. 기둥머리가 하트호르 여신의 얼굴이 새겨져 있는 기둥을 비롯하여 로터스나 파피루스나 야자수가 꽃 핀 모양을 한 개화식 기둥, 꽃 봉우리 모양을 한 폐화식 기둥에 이르기까지 여러 모양의 기둥들이 섞여 있다. 한 기둥 홀에 한 모양의 기둥만이 있어 매우 단조로운 왕조시대의 기둥 홀에 비하면 매우 화려하다.

에드푸의 호루스 대신전 (Great Temple of Horus)

룩소르에서 남으로 55㎞, 인간을 창조한 크눔 신전이 있는 에스나를 지나 룩소르와 아스완의 중간 지점에 자리한 에드푸Edfu는 옛 이름이 베흐데트Behdet였다. 이곳에 신 호루스의 대신전Great Temple of Horus이 있다. 그리스인들은 신 호루스를 그리스 신화의 아폴로Apllo 신과 같게 보았다. 그래서 그들은 에드푸를 「아폴로의 도시」라는 뜻으로 아폴리노폴리스Apollinopolis라고 불렀다. 이곳은 신의 시대에 선의 상징인 신 호루스와 악의 상징인 세트가 지상의 왕권을 놓고 다툰 오시리스 신화의 무대였다.

호루스 대신전은 프톨레마이오스 3세 때 착공하여 프톨레마이오스 12세 때 완공하기까지 180년이 걸렸다. 신전은 거의 완전한 상태로 남아 있다. 1860년, 모래에 묻혀있었던 신전을 프랑스인 고고학자 오귀스트 마리에뜨가 발견하여 다시 빛을 보게 되었다. 신전 앞에 프톨레마이오스 8세가 세운 탄생의 집이 있다. 오시리스와 이시스 사이에서 태어난 호루스는 오시리스 신화의 주인공으로 매의 머리를 가진 남자의 모습으로 표현되었다.

호루스는 하르포크라테스Harpokrates 즉 「어린아이 호루스」·하르시에시스Harsiesis 즉 「이시스의 아들 호루스」·하라크티Harakhti 즉 「두 개의 지평선의 호루스」·하르마키스Harmakhis 즉 「지평선의 호루스」등 여러 이름으로 불리었다. 호루스는 하늘의 신으로서 우주를 다스리는 신이며 그의 오른쪽 눈은 태양이고 왼쪽 눈은 달이었다. 세트와 싸우면서 호루스는 왼쪽 눈을 다쳤는데 신 토트가 치료해서 고쳤다. 이때부터 호루스의 회복된 눈은 고대 이집트에서 「건전

호루스 대신전의 성소

하다」는 뜻으로 웨자트Wedjat라고 불리었으며 완전한 것의 상징으로서 부적으로 많이 사용되었다.

이 신전은 전통적인 신전배치 양식으로 지었으며 탑문-안마당-기둥 홀-성소가 일직선으로 배치되어 있다. 룩소르의 카르나크 대신전에 못지않게 높이 36m, 폭 137m의 거대한 탑문이 있다. 그 바깥벽에 천지창조, 신전의 건립 과정, 호루스가 세트와 싸우는 모습, 프톨레마이오스 12세가 적들과 싸우는 모습, 호루스와 하트호르의 결혼을 기념하는 모습 등을 담은 거대한 돌새김들이 선명하게 남아 있다. 탑문의 양쪽에 검은 화강암으로 만든 상·하 이집트의 매의 모습을 한 한 쌍의 호루스 상이 있다.

탑문을 들어서면 32개의 둥근 기둥으로 둘러싸인 안마당이 나온다. 그 안쪽에 있는 큰 기둥 홀에는 모양이 다른 둥근 기둥이 6개씩 3열로 서 있고 그 앞에 이중 관을 쓴 매 모습의 호루스 상이 있다. 큰 기둥 홀 안으로 스며들어오는 태양 빛이 기둥과 어우러져 신비감을 더해준다.

큰 기둥 홀을 지나 안으로 들어가면 「나일의 방」이라고 불리는 작은 기둥 홀이 있고 그 안에 성소가 있다. 성소에는 제30왕조의 넥타네보 2세[44]〈Nectanebo II: B.C.360~343〉가 만든 화강암으로 된 안치대가 있다. 원래 그 위에 황금을 입힌 나무로 만든 호루스상이 있었으나 지금은 없다. 성소는 작은 방으로 에워싸여 있다. 각 방에 태양신 라의 방, 오시리스의 방, 승리자 호루스의 방, 하트호르의 방, 달의 신 콘스의 방이라는 이름이 붙어 있다. 동쪽에 「새해의 사당」이라고 불리는 방이 있다. 그 천장에 누트 신의 모습과 더불어 하루 12시간을 지나는 태양선의 여정을 묘사해놓은 돋새김이 있다. 지금도 이 신전에서 오시리스 신화에서 호루스가 세트에게 이긴 것을 기념하는 「승리의 축제」가 매년 열린다.

황금 언덕의 콤 옴보 신전 (Temple of Kom Ombo)

에드푸를 뒤로 나일강을 따라 차로 1시간 가까이 남으로 더 거슬러 올라가면 룩소르에서 남으로 170㎞, 아스완에서 북으로 45㎞에 자리한 콤 옴보Kom Ombo에 이른다. 이곳의 옛 이름은 옴보스Ombos로 「금」이라는 뜻이다. 콤은 이집트어로 「언덕」을 뜻하므로 콤 옴보란 「황금의 언덕」을 뜻한다. 이곳 나일강 동쪽 기슭의 나지막한 언덕에 기원전 180년, 프톨레마이오스시대에 착공, 로마제국

44) 제30왕조의 마지막 파라오(BC360~343). 이집트인 최후의 파라오로 페르시아군의 침입을 막는데 실패.

기둥 홀 (콤 옴보 신전)

의 아우구스투〈Augustus: B.C.63~14〉 황제 시대에 완성된 콤 옴보 신전이 있다. 붉은 사암으로 지은 이 신전은 신 소베크[45] Sobek와 하로에리스[46] Haroeris의 두 신을 모신 두 개의 신전이 함께 있다. 탑문-안마당-기둥 홀-성소가 이중구조를 이룬다. 오른쪽이 악어의 머리를 가진 물의 신 소베크를 모신 신전이고 왼쪽이 매의 머리에 태양과 달의 두 눈을 가진 하늘의 신 하로에리스를 모신 신전이다. 신전은 크게 파손되어 보존 상태가 좋지 않으며 둘째 기둥 홀의 천장은

45) 악어의 신. 콤 옴보와 파이윰이 숭배 중심지. 악어 머리를 가진 모습으로 표현. 죽은 자들의 보호 여신이자 서방세계의 여주인인 네이트의 아들.

46) 호루스 신의 화신으로 매의 모습을 한 남신. 게브와 누트 사이에서 태어난 다섯 남매 중 차남. 태양과 달을 두 눈으로 갖고 있는 빛의 신.

없어지고 파피루스 기둥만 남아있다.

두 개의 입구로 된 신전의 탑문을 들어서면 이중으로 된 안마당이 나온다. 안마당의 벽을 따라 16개의 돌기둥이 서 있었으나 지금은 그 밑 부분만 남아 있다. 첫째 기둥 홀의 벽에 파라오의 이름을 새긴 카르투시가 새겨져 있다. 둘째 기둥 홀의 벽에 호루스 신과 토트 신이 프톨레마이오스 7세에게 왕관을 씌워 주는 모습을 담은 돋새김이 있다. 성소를 둘러싸고 있는 복도도 이중구조로 되어 남북으로 갈라져 있다. 신전의 벽에는 태양의 운행을 기초로 만든 달력에 1년의 행사를 상세하게 기록한 돋새김, 수술에 사용한 의료기구, 출산의 모습을 담은 돋새김이 있어 매우 흥미롭다. 고대 이집트인들은 악어는 온갖 위험이나 재해를 막아주는 성스러운 동물로 여겼다. 신전의 남쪽에 있는 하트호르 여신의 작은 예배당에 이시스 신전에서 기른 소베크 신의 신수 악어의 미라가 보존되어 있다. 그 밖에 나일강의 수위를 측정했던 우물식 나일로 미터가 신전 옆에 남아 있다. 콤 옴보 신전 바로 앞에 나일강이 흐르고 선착장에 언제나 나일 크루즈가 와있다. 신전 주변에는 나일강을 끼고 아름다운 이집트의 농촌이 펼쳐져있다.※

아름다운 채색 돋새김 기둥
(콤 옴보 신전)

이시스 신전 (아스완 필레 섬)

ASWAN

IX. 나일의 진주 아스완

아스완의 나일강 호수 같은 아스완의 나일강에 떠 있는 펠루카

사막 속의 오아시스 아스완

34

더 머물고 싶고 언젠가 또다시 와보고 싶은 곳

이집트 남단에 자리한 아스완Aswan. 추리 소설을 좋아하는 여행자라면 이곳이 1937년에 영국의 세계적인 추리소설가 아가사 크리스티(Agatha Christie 1890~1976)여사가 쓴 『나일강 살인사건Death on the Nile』의 무대였다는 것을 기억할 것이다.

아스완의 펠루카 사공

아스완의 올드 캐터랙트 호텔은 창업한지 100년이 넘는 오래된 호텔로 유명하지만, 크리스티가 이 추리소설을 집필한 곳이라고 해서 더 유명해졌다. 이 소설을 통하여 아스완이 훌륭한 휴양시설을 갖춘 피한지避寒地라는 것이 전 세계에 알려졌다.

카이로에서 남으로 980㎞, 룩소르에서 남으로 215㎞, 나일강 상류의 제1급류 동쪽 기슭에 자리한 아스완은 인구 28만 명의 국경도시이다. 아스완에서 남으로 수단과의 국경까지는 모래언덕이 바로 나일강과 맞닿아 있어 농경지도 마을도 없는 황량한 사막지대이다. 고대 이집트인들은 이 사막지대를 누비아Nubia라고 불렀고 아스완을 스웨네트Swenet라고 불렀다. 누비아란 황금이라는 뜻이다. 고대 이집트시대에 황금이 누비아로부터 아스완으로 들어왔다고 해서 붙여진 이름이다. 스웨네트는 「교역」이라는 뜻이다. 고대 이집트인들은 누비아인들을 모래를 먹고 사는 야만족이라 해서 사람으로 여기지 않았다.

고대 이집트인들은 생명의 젖줄인 나일강의 수원이 아스완에 있는 것으로 알았다. 아스완의 동굴 속에 나일 신 하피가 살면서 강물을 솟아나게 하고 홍수를 일으키고 강물을 조절한다고 믿었다. 그래서 그들은 아스완을 매우 중요하게 생각했다.

누비아 지역에 왕조시대의 유적들이 많이 남아 있다. 그래서 1981년에 유네스코는 이 일대를 세계문화유산으로 지정했다. 대표적 유적으로 엘레판티네 섬의 크눔 신전, 필레 섬의 이시스 신전, 아부 심벨의 대·소 암굴신전이 있다. 그밖에 아가 칸Aga Khan 모스크, 미완성 오벨리스크, 지방귀족들의 암굴무덤, 아스완 박물관과 누비아 박물관이 있다. 지금의 아스완은 나일강의 홍수를 방지하고 사막을 농경지로 만들기 위해 건설한 아스완 댐Aswan Dam과 아스완 하이 댐Aswan High Dam으로 더 유명하다.

1902년에 완공된 아스완 댐은 길이 2km, 높이 50m, 저수량이 50억m^3의 댐이다. 아스완 댐의 남으로 7km에 자리한 아스완 하이 댐은 소련의 협력으로 1960년에 착공하여 1970년에 완공되었다. 길이 3.6km, 높이 111m, 저수량 1570억m^3나 되는 큰 댐이다. 이 댐의 완공으로 길이 485km, 평균 폭 30km, 넓이 5천km^2, 전체 부피가 대피라미드의 100배가 넘는 거대한 인공호수 나세르 호가 사막 속에 탄생

아스완 나일강

했다. 아스완 하이 댐의 건설로 누비아지역의 20여 개의 신전과 많은 옛 무덤들이 수몰되었다. 다행히 유네스코의 협력으로 아부 심벨의 대·소신전을 비롯하여 일부 신전과 기념건축물은 근처로 옮겨 수몰을 면할 수 있었다. 이 일대에 몇 천 년 동안 살아온 누비아인들은 콤 옴보와 아스완으로 집단 이주했다.

마치 호수처럼 보이는 아스완의 나일강, 강변에서 뛰어 놀고 있는 새까맣게 그을린 하동들, 해질 무렵이면 저녁노을로 붉게 물든 강물 위를 한가로이 떠다니는 펠루카Felucca, 이러한 여유로움과 자연스러움이 아스완을 세계적인 피한지로 만들고 있다. 아스완은 시간적 여유가 있으면 더 머물고 싶어지고 언젠가 다시 와보고 싶은 곳이다.

아스완 하이 댐

나일강에는 아스완과 수단과의 국경 사이에 물살이 센 여울목이 여섯 군데 있다. 캐터랙트cataract라고 불리는 이 급류지대는 낙차가 있는 폭포는 아니지만, 강바닥에 큰 바위가 많고 물살이 매우 세어 배가 다닐 수 없다. 그 첫 번째 여울목의 바로 북쪽에 엘레판티네Elephantine 섬이 있다. 이 섬은 고대 이집트 왕조시대에 남부 국경지역의 주요한 군사 및 교역의 거점이었다. 엘레판티네는 고대 이집트 왕조시대에 이 섬이 상아의 집산지였기 때문에 붙여진 이름이다. 이곳에 고왕국시대에 세운 크눔 신전 유적이 있다. 신전은 파괴되어 모두 없어지고 지금은 크눔 신전 터에 화강암으로 만든 문만 남아 있다.

이 섬에 나일강의 수위를 재기 위해 만든 나일로 미터가 남아있다. 강변 아래로 90계단을 내려가면 돌 벽에 옛 이집트 문자와 그리스 문자로 새겨진 눈금을 볼 수 있다. 눈금의 단위는 큐빗cubit을

인간창조신 크눔 신전 유적
(엘레판티네 섬-아스완)

사용하고 있다. 큐빗은 고대 이집트에서 사용한 길이의 단위로 팔꿈치에서 가운데 손가락 끝까지의 길이다. 성서 구약의 노아의 방주의 길이도 큐빗을 사용하고 있다. 지역에 따라 그 길이가 조금씩 달랐으나 고대 이집트에서는 1큐빗은 523.5㎜였다. 이 단위는 그리스·로마시대를 거쳐 유럽에 전해졌으며 현재 사용하고 있는 야드와 피트의 기초가 되었다.

엘레판티네 섬에 있는 아스완 박물관에는 이 일대에서 발굴된 파라오시대의 유물이 전시되고 있다. 미라를 안치한 관도 있다. 아스완에서 꼭 보아야할 박물관으로 누비아 박물관이 있다. 아스완 하이 댐의 건설로 침수위기에 있던 누비아 유적을 유네스코가 구제하면서 발굴한 유물들을 모아놓았다. 람세스 2세의 거대한 동상, 황금 마스크를 쓴 숫양 미라, 이집트를 정복한 누비아 왕 피안키의 비석 등이 있다.

여신 이시스와 신 호루스 (이시스 신전-아스완)

이시스의 필레 섬

35

클레오파트라가 신혼여행을 왔던 고대 이집트 최후의 신전

아스완 댐과 아스완 하이 댐 사이의 나일강 가운데 「나일의 진주」라고 불리는 아름다운 필레Philae 섬이 떠있다. 고대 이집트인들은 이 섬을 「성스러운 곳」이라고 불렀으며 여신 이시스가 신 호루스를 낳은 섬이라고 해서 이시스 섬이라고도 했다. 클레오파트라 7세가 로마제국의 집정관 카이사르와 배로 카이로를 떠나 이 섬에 신혼여행을 왔었던 곳이기도 하다.

하트호르 기둥 (이시스 신전)

필레 섬에 이시스 신전이 있다. 2천 3백여 년 전, 말기왕조시대 제30왕조를 수립한 넥타네보 1세〈B.C.380~362〉가 세워 이시스 여신에게 바친 고대 이집트 왕조시대에 마지막으로 건립된 신전이다. 또한 이곳에는 기원 394년에 고대 이집트의 상형문자 히에로글리프를 마지막으로 사용한 비석이 남아 있다.

이시스 신전은 바깥마당 – 첫째 탑문 – 안마당 – 둘째 탑문 – 기둥복도 – 성소가 일직선으로 배치되어 있는 특수한 구조를 이루고 있다.

안마당과 둘째 탑문
(이시스 신전)

프톨레마이오스 12세가 만든 높이 18m, 폭 5m의 첫째 탑문 앞에 원래는 오벨리스크가 서 있었으나 지금은 없다.

첫째 탑문을 지나 안마당으로 들어서면 서쪽에 신 호루스의 탄생을 상징하는 탄생의 집 맘미시 mammisi 가 있다. 그 바깥벽에는 어린 호루스에게 젖을 먹이고 있는 여신 이시스의 모습, 안벽에는 지상의 왕위를 놓고 세트와 싸워서 이긴 신 호루스의 모습이 돋을새김되어 있다.

안마당의 동쪽에 36개의 둥근 돌기둥이 줄지어 있는 큰 기둥복도가 있다. 기둥머리에는 연꽃 위에 하트호르 여신의 얼굴이 조각되어 있는 하트호르 기둥으로 매우 아름답다. 안마당에 이어 둘째 탑문을 지나면 10개의 돌기둥이 줄지어 있는 작은 기둥복도가 있

하트호르 기둥 (이시스 신전)

고 그 안쪽에 성소가 있는데 이 기둥복도에는 황도십이궁을 상징한 12개의 방이 있다.

신전은 보존 상태가 매우 좋으며 벽의 돋새김과 그림문자가 매우 뚜렷하게 남아 있다. 313년 로마제국이 그리스도교를 공인하면서 이집트의 모든 신전을 폐쇄하였다. 그런데 이 신전만은 폐쇄되지 않고 유일하게 유지되었다. 그 뒤 540년에 이신전도 완전히 폐쇄되고 그리스도교의 예배당으로 사용되었다. 그리스도 교도들이 탑문 벽에 새겨져 있는 이시스와 호루스의 얼굴을 지우고 그 위에 새겨 놓은 콥트 십자가들을 볼 수 있다.

아스완 댐이 완공된 후로 강물이 불어나면 일 년에 몇 개월씩 신전이 반쯤 물에 잠겼다. 그랬던 것이 아스완 하이 댐의 완공으로 신전이 완전히 강물에 잠기게 되었다. 다행히 신전은 유네스코의 도움으로 필레 섬 옆에 있는 아길키아Agilkia 섬으로 옮겨 수몰을 면하였다.

신전을 약 4만 개의 블록으로 잘라서 옮기는데 1972부터 1980년까지 8년 걸렸다. 이때 이시스 신전 외에 넥타네보 1세 신전과 하트호르 신전 유적, 그리고 신전의 선착장으로 사용했던 로마 황제 트라잔의 미완성된 키오스크Kiosk:신전 선착장도 함께 옮겼다. 매일 밤 이시스 신전에서도 룩소르의 카르나크 대신전에서처럼 「소리와 빛의 향연」이 열린다.

그밖에 아스완 관광에서 빼어놓을 수 없는 곳이 있다. 아스완의 남쪽 변두리에 있는 오벨리스크 채석장이다. 그곳에 만들다만 길이 42m, 바닥면적 4㎡의 거대한 미완성 오벨리스크가 누워있다. 이 오벨리스크는 원래 카르나크 대신전의 투트메스 3세 신전 앞에 세우려 했던 것인데 만드는 도중에 결함이 생겨 그만 둔 것이다. 이것이 완성되었으면 이집트에서 가장 큰 오벨리스크가 되었을 것이다.

미완성 오벨리스크 (아스완)

이 오벨리스크를 보면 고대 이집트인들이 어떻게 거대한 바위를 매끄럽게 잘라 냈는지를 알 수 있다. 이 곳 채석장의 흔적으로 추정해보면, 바위에서 잘라낼 부분에 균등한 간격으로 홈을 파고 그 속에 나무 쐐기를 박은 다음에 물을 부으면 나무 쐐기가 물에 불어서 바위가 자연스럽게 갈라졌다. 이렇게 만든 거대한 오벨리스크는 나일의 강물이 불어나면 배로 옮겼다. 룩소르 서쪽 기슭의 하트셉수트 장제전에 오벨리스크를 큰 배로 운반하는 장면의 돋새김이 있다.

파라오 돋새김 (이시스 신전)

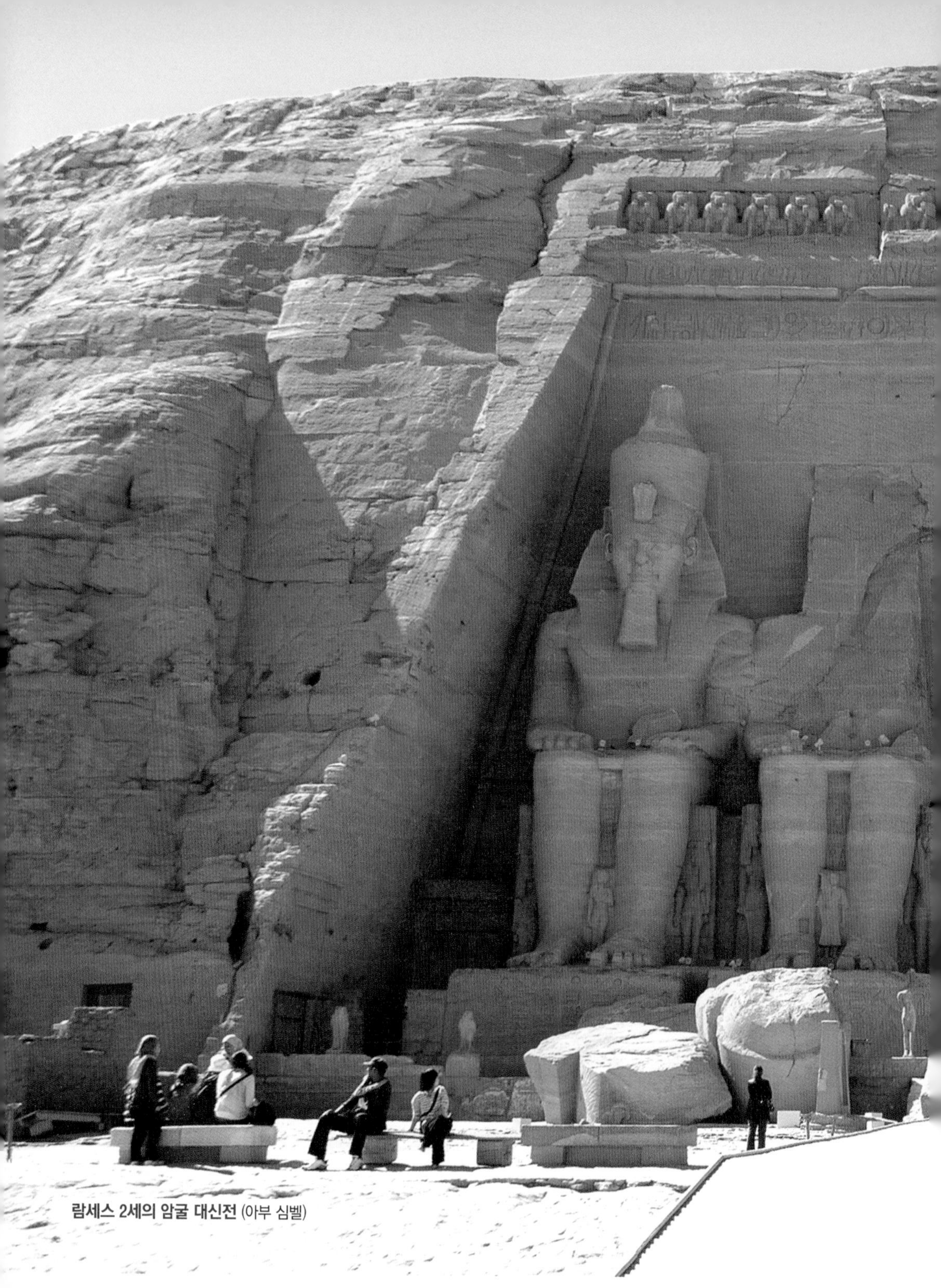

람세스 2세의 암굴 대신전 (아부 심벨)

ABU SIMBEL

X. 람세스2세의 땅
아부 심벨

람세스 2세 얼굴상 (대신전의 정면 조각 일부)

암굴신전 아부 심벨

36

신이 된 람세스 2세의 땅 – 누비아 유적

이집트 여행에 있어서 기자의 세 피라미드 다음으로 하이라이트가 아부 심벨Abu Simbel의 암굴신전이다. 스위스의 이집트 탐험가 부르크하르트〈J.L.Burckhardt: 1818~1897〉가 누비아 사막의 아부 심벨에서 암굴신전을 발견한 것은 19세기 초였다. 양수기를 팔기 위해 거룻배를 타고 아스완을 떠난 그는 나일강을 남으로 계속 거슬러 올라갔다. 며칠 뒤 그는 뜻밖에도 강변 언덕의 모래에 묻혀 있는 아부 심벨 대·소 암굴신전을 발견했다. 이집트의 남쪽 끝, 나일강 제2급류의 바로 북쪽에 자리한 암굴신전은 3천 3백여 년 전, 신왕국시대에 위대한 파라오 람세스 2세가 만들어 태양신과 여신 하트호르에게 바친 신전이다. 람세스 2세는 이밖에도 누비아 사막지대에 여섯 개의 신전을 더 세웠다.

람세스 2세 조각
암굴 소신전의 정면 조각.

아부 심벨에 이르는 길은 멀다. 남으로 카이로에서 1,200㎞, 룩소르에서 500㎞, 가장 가까운 아스완에서 280㎞의 거리이다. 아부

아부 심벨 대·소신전
왼쪽 대신전 오른쪽 소신전.

심벨에서 수단 국경까지는 50㎞밖에 안 된다. 지금은 아부 심벨에 비행기나 기차나 차로 갈 수 있다. 낙타도 없었던 고대에는 사막으로 갈 수도 없었고 나일강을 이용해서 배로만 갈 수 있었다.

지금은 카이로나 룩소르에서는 비행기를 이용하는 것이 가장 바람직하다. 카이로에서 2시간 반, 룩소르에서 1시간 반 걸린다. 카이로 공항을 떠난 비행기가 2시간 남짓 비행하여 아스완을 지나면 사막 속에 바다처럼 펼쳐져 있는 나세르 호가 보인다. 아스완 하이댐이 완공되면서 생긴 거대한 인공호수이다. 목적지에 도착할 때가 되면 비행기의 창문 아래로 아부 심벨 대·소신전이 마치 미니

어처처럼 보인다. 사막 가운데 있는 아부 심벨 공항에 도착하면 차로 10분 거리에 있는 암굴신전까지 이집트 항공의 셔틀버스가 무료로 데려다 준다.

아스완에서 크루즈로 나세르 호를 가로질러 갈 수도 있다. 약 18시간 걸린다. 그러나 역시 아스완에서는 차를 이용하는 것이 좋다. 가는 도중에 이집트의 사막지대를 볼 수 있기 때문이다. 다만 차로 갈 때는 언제나 자유롭게 갈 수 있는 것이 아니다. 노상 테러에 대비하여 정해진 시간에 관광경찰의 호송을 받으면서 가야한다. 호송차가 아스완에서 하루 두 번 새벽 4시와 오전 11시에 아부심벨

람세스 2세 상
(아부 심벨 대신전)

로 떠난다. 무덥기 때문에 주로 새벽에 떠나는 관광객이 많다. 새벽 4시에 아스완 남쪽 변두리에 있는 집결장소에 모여서 다른 관광버스들과 함께 떠나기 때문에 관광객들은 새벽 3시에 호텔을 나서는 어려움을 겪어야 한다.

차가 아스완 시내를 벗어나면 바로 사막이 시작된다. 아직 새벽잠에서 깨어나지 않은 채 어둠에 싸여 있는 사막은 죽은 듯이 고요하다. 끝없이 펼쳐져 있는 사막 속에 고만고만한 높이의 나지막한 모래구릉이 군데군데 보인다. 사막을 뚫고 거의 일직선으로 뻗어 있는 아스팔트 도로를 1시간쯤 달렸을 즈음, 사막의 동쪽 지평선에서 아침 해가 서서히 고개를 내민다. 사막의 해돋이는 바다의 해돋

이만큼 웅장하지 않지만, 신비로움은 더 한 것 같다. 떠오르는 태양의 속도는 지구촌 어디서나 같지만, 사막에서는 더 빠른 것같이 느껴진다. 시간이 흐르면서 차창 밖으로 아침 햇살에 붉게 물들어 가는 사막이 장관이다. 아스완을 떠나 3시간 조금 지나면 아부 심벨에 도착한다. 가도 가도 모래뿐인 사막 길이라 길게 느껴져서 그런지 너댓 시간은 달려온 것 같다.

차에서 내리면 바로 신전이다. 이른 아침인데도 신전 입구는 관광객들로 몹시 북적거린다. 일 년 내내 이렇게 붐빈다고 한다. 관광객들 사이에 끼어 입구를 지나 작은 언덕을 왼쪽으로 돌아가면 나세르 호수 가에 있는 아부 심벨의 대·소신전의 웅장한 모습이 나타난다. 거대한 바위 언덕을 파서 만든 이집트에서 가장 큰 람세스 2세와 왕비 네페르타리의 조각상이 신전 정면 전체를 덮고 있다. 마치 엊그제 만든 현대의 조각 작품 같다. 과연 이것이 몇 천 년 전에 만든 것인지 의구심을 갖게 한다. 신전 앞에 넓고 짙푸른 나세르 호가 바다처럼 펼쳐져있다.

기원전 13세기 무렵, 신왕국 제19왕조의 파라오 람세스 2세는 고대 이집트왕조를 가장 훌륭하게 다스린 파라오였다. 25세에 파라오가 된 그는 92세까지 67년 동안 다스렸다. 네페르타리를 포함하여 4명의 왕비, 많은 후궁, 111명의 왕자, 57명의 왕녀를 두었다. 후궁 중에는 친딸인 메리트 아문Meritamun the White Queen도 있었다.

람세스 2세 시대는 고대 이집트의 최고의 전성기였다. 그는 몇 차례의 해외원정을 통해 누비아, 시리아, 팔레스티나, 리비아까지 영토를 확장하는 등 많은 업적을 남겼다. 그의 업적 중에서 가장 유

아부 심벨 대·소신전 이전
1972년 유네스코의 지원으로 신전을 옮기고 있는 장면.

명한 것이 기원전 1286년, 시리아의 지배권을 둘러싸고 히타이트[47] Hittites와 가졌던 카데시 Kadesh 전투[48]였다. 16년 동안 계속된 이 전투는 승패 없이 끝났다. 그 뒤 람세스 2세는 히타이트와 평화협정을 맺었다. 「카데시 조약」이라고 불리는 이 조약은 인류역사상 최초의 평화조약이며 카데시 전투는 기록이 남아 있는 인류역사상 가장 오래된 전투였다.

아부 심벨 외에도 전국의 신전에 히타이트와 싸우는 람세스 2세의 돋새김이 많다. 룩소르의 카르나크 대신전의 큰 기둥 홀의 벽에는 조약문이 새겨져 있다. 이스탄불의 고대 동양 박물관에는 조약의 원문이 설형 문자로 새겨져 있는 점토판이 전시되고 있다.

이집트의 유적지에서 돌을 던지면 세 번 중 한 번은 람세스 2세의 기념건축물에 떨어진다고 할 정도로 그는 곳곳에 많은 기념건축물을 세웠다. 대표적인 것으로 카르나크 대신전의 큰 기둥 홀, 룩소르 신전의 첫째 탑문과 안마당, 람세스 2세 장제전, 아부 심벨의 대·소신전, 아비도스의 세티 1세 신전을 들 수 있다.

그밖에 멤피스의 람세스 2세 거상을 비롯하여 곳곳에 거대한 조

---

47) BC2000년 무렵부터 BC1190년에 걸쳐 소아시아를 중심으로 활동한 인도유럽어족으로 말·전차·철제무기를 사용하여 오리엔트 최강국가를 이룩했음.

48) BC1299년 시리아의 패권을 둘러싸고 오론테스강변의 카데시에서 이집트 람세스 2세와 히타이트 간에 있었던 대규모 전투.

각상이 남아 있다. 그는 다리 아래 처자식을 거느리고 한발을 앞으로 내밀고 당당하게 서 있는 모습의 조각상을 가장 좋아했다. 다만 람세스 2세는 건축에 대한 욕망이 지나쳐 선조 파라오가 만든 기념건축물을 허물어 그 돌로 기념건축물을 지었고 이미 있는 기념건축물에 자기 이름을 새겨 넣어 자기가 세운 것으로 했다.

1881년, 룩소르 서안의 왕들의 계곡에서 발견된 람세스 2세의 미라는 카이로의 이집트 박물관의 미라실에서 전시되고 있다. 1976년, 람세스 2세의 미라는 파리로 이송되어 세균치료를 받았다. 그가 죽고 수천 년이 지난 뒤에 현대의 태양선이라 할 수 있는 비행기를 타고 하늘의 나일강을 여행한 것이다.

아스완 하이 댐의 건설로 누비아 일대의 많은 신전들이 물에 잠겼다. 아부 심벨의 신전은 유네스코의 협조로 1967년부터 6년 걸려 옮겨 수몰을 면했다. 이것이 오늘날 전 세계의 인류문화유산의 지킴이 역할을 하고 있는 유네스코의 세계문화유산제도[49]를 창설하는 계기가 되었다. 신전을 옮기는데 여러 방안이 있었으나 스웨덴의 절단이전방법이 채택되어 대신전은 807개, 소신전은 235개, 모두 1,042개의 블록으로 잘랐다. 잘린 블록들은 원래의 장소로부터 북서로 210m, 높이 60m에 위치한 나세르 호반의 인공 언덕에 옮겨져 완벽하게 재조립되었다.❁

49) 1972년 유네스코가 세계 문화유산 및 자연유산의 보호에 관한 조약 채택.

람세스 2세상 (아부 심벨 대신전)

태양의 기적 암굴 대신전

37

태양의 기적은 람세스 2세와 두 태양신의 신상에만 차례로 일어난다.

아부 심벨의 대신전Great Temple of Ramesses II은 하나의 돌산을 깎아 입구를 만들고 그 속을 파서 만든 거대한 암굴 신전으로 그 크기가 폭 38m, 높이 33m, 길이 63m나 된다. 대신전의 정면입구에서 안으로 길게 뻗어 있는 통로에 안마당-첫째 탑문-큰 기둥 홀-작은 기둥 홀-성소가 동서로 일직선으로 배치되어 있다. 대신전의 바닥은 안으로 들어 갈수록 조금씩 높아지고 좁아져 성스럽고 엄숙한 분위기를 더해준다.

람세스 2세의 어머니상
(아부 심벨 대신전)

대신전의 정면은 높이가 22m, 폭이 38m이며, 얼굴 폭 4m, 입술의 길이가 1m나 되는 거대한 람세스 2세의 좌상 네 체가 나세르 호를 향해 천하를 압도하는 듯 위풍당당한 자세로 앉아 있다. 머리에는 상·하 이집트를 상징하는 이중 관을 쓰고 있다. 왼쪽으로부터 두 번째의 거상은 머리가 땅에 떨어져 있다. 거상의 얼굴이 웅장하면서 매우 정교하게 조각되어 있어 고대 이집트의 높은 미술 수준

태양신 라-호르아크티
대신전 입구 위에 장식돼 있는 매의 머리를 가진 태양신.

을 실감할 수 있다.

거상의 위에 태양신의 상징인 코브라가 장식되어 있고 그 위에 태양을 바라보고 있는 22마리의 큰 개코원숭이가 애교스럽게 나란히 새겨져 있다. 그리고 거상의 두 다리 밑에는 왕비 네페르타리, 왕의 어머니, 왕자와 왕녀들의 작은 석상들이 조각되어 있다. 주체인 람세스 2세를 크게 표현하고 그 밖의 인물은 아주 작게 표현하는 고대 이집트 예술의 특징이 그대로 나타나 있다.

거상의 아래 기조부분에 손이 묶인 흑인과 소아시아의 민족의 포로들의 모습이 새겨져 있다. 이것은 고대 이집트의 국경을 위협했던 베드인, 누비아, 리비아 등 「아홉 개의 활Nine Bows」이라고 불린 이집트 주변의 아홉 이민족을 다스리고 있다는 것을 과시한 것이다.

신전 앞에 앉아 있는 네 체의 거대한 람세스 2세 좌상의 중앙의 입구 위에 매의 머리를 가진 태양신 라-호르아크티상이 장식되어 있다. 대신전이 태양신을 위해 만들었다는 것을 상징하고 있다.

입구를 지나 안으로 들어서면, 길이 18m, 폭 16.7m, 높이 10m의 큰 기둥 홀이 나온다. 그 안에 오시리스의 몸통에 람세스 2세의 얼굴을 가진 오시리스 기둥 여덟 개가 나란히 서 있다. 기둥 홀의 북쪽 벽은 카데시 전투에서 람세스 2세가 전차를 타고 혼자서 활을 쏘면 싸우고 있는 모습, 남쪽 벽은 이민족들과 싸우고 있는 람세스 2세의 모습이 새겨진 돋새김으로 장식되어 있다. 큰 기둥 홀 다음에 있는 작은 기둥 홀에는 여러 신을 만나고 있는 파라오의 모습이 장식된 4개의 네모기둥이 서 있다.

람세스 2세 전투장면
카데시 전투에서 싸우고 있는 람세스 2세
(아부 심벨 대신전)

신전의 안쪽 끝에 대신전의 심장인 성소가 있다. 성소에는 왼쪽으로부터 신격화된 람세스 2세상, 신왕국시대의 세 국가 신인 테베의 태양신 아멘-라, 헬리오폴리스의 태양신 라-호르아크티, 멤

대신전의 성소
일 년에 두 번 태양의 기적이 일어나는 것으로 유명.

피스의 어둠의 신 프타상이 나란히 앉아있다. 성소에 창조신들과 나란히 앉아 있는 람세스 2세가 살아있는 신이라는 것을 과시하고 있다.

이 성소가 바로 「태양의 기적」이 일어나는 곳으로 유명하다. 해마다 두 번, 람세스 2세의 탄생일인 2월 22일과 그가 즉위한 날인 10월 22일 새벽 5시 58분에 기적이 일어난다. 이 날 새벽에 입구로 들어온 태양 빛이 성소에 안치되어 있는 람세스 2세와 그 옆의 두 태양신의 신상을 차례로 20분씩 비친다. 하지만 어둠의 신인 프타는 비치지 않는다. 어떻게 이렇게 신기로운 설계를 할 수 있었는지

전쟁 포로들
고대 이집트를 위협한 주변 민족의 포로들.

신비하기만 하다. 다만 대신전을 옮기는 과정에서의 설계착오로 지금은 하루 늦게 태양의 기적이 일어난다. 신전의 남쪽 끝에 람세스 2세의 외교상 승리로 보고 있는 히타이트 왕녀와의 결혼식 장면을 기록한 돌비석이 서 있다.

왕비 네페르타리의 입상 (소신전 정면 장식)

네페르타리 암굴 소신전

38

가장 아름답고 지혜로운 왕비 네페르타리의 신전

대신전의 북동으로 100m 떨어진 곳에 람세스 2세가 하트호르 여신과 신격화 된 왕비 네페르타리Nefertari를 위해 세운 아부 심벨의 소신전Nefertari's Temple of Hathore이 있다. 네페르타리는 고대 이집트어로「태양은 그녀를 위해 뜬다」라는 뜻이다. 작지만 아담한 이 신전 정면의 바위언덕에 높이 10m의 람세스 2세의 입상 4체와 네페르타리 입상 2체가 조각되어 있다. 그리고 다리 사이에는 왕녀와 왕자들의 작은 석상이 새겨져 있다. 입상은 발을 앞으로 한 발 내밀고 있어 마치 바위에서 나와 태양을 향해 걸어가는 모습을 하고 있다. 네페르타리는 머리에 태양을 상징하는 원반과 두 개의 긴 깃과 뿔이 달린 관을 쓴 사랑과 기쁨의 여신 하트호르의 모습으로 묘사되어 있다. 이 거대한 조각상은 람세스 2세가 고대 이집트에서 왕비는 왕의 무릎 아래의 높이로 표현해야 한다는 관례를 깨고 만든 것이다.

왕비 네페르타리

아부심벨 소신전 전경

4체의 람세스 2세 입상과 2체의 네페르타리 상으로 장식되어 있는 신전 정면.

람세스 2세가 고대 이집트 역사상 가장 위대한 파라오였다면, 왕비 네페르타리는 가장 아름답고 지혜로운 왕비였다. 고대 이집트인들은 람세스 2세의 위대한 힘은 모두 왕비 네페르타리와의 사랑에서 비롯된 것이라고 그림문자를 통해 예찬하고 있다. 마흔 한 살에 죽은 네페르타리의 무덤은 룩소르 서안의 왕비의 계곡에 있다.

소신전의 내부 구조는 매우 단순하며 좌우대칭을 이루고 있다. 입구를 들어서면 바로 여섯 개의 정사각형 기둥에 여신 하트호르의 얼굴을 조각한 하트호르 기둥들이 서 있는 기둥 홀이 나온다. 여신의 얼굴 조각 아래 람세스 2세와 네페르타리의 역사가 새겨져

있다. 입구 벽에는 신 아멘과 호루스를 위해 적과 싸우고 있는 람세스 2세의 모습, 기둥 홀의 벽에는 하트호르 여신과 이시스 여신이 파라오에게 관을 씌워주고 있는 모습, 성소의 벽에는 신격화된 람세스 2세가 왕비와 함께 신에게 예배를 올리고 있는 모습이 묘사되어 있다. 성소의 안벽에 하트호르 여신의 돋새김이 있다. 이집트 역사상 왕비에게 신전을 지어 바치고 그 신전의 정면을 파라오와 같은 크기의 왕비의 상으로 장 식한 것은 람세스 2세뿐이었다. 신전 내 벽화에 묘사되어 있는 날씬한 여신의 모습이나 채색된 왕비의 돋새김은 아마르나 예술과의 공통성이 있다.

소신전의 정면 입상
소신전 정면을 장식하고 있는 람세스 2세 입상과 왕비 네페르타리 입상.

아부 심벨은 주변이 온통 모래로 둘러싸여 있고 신전 외에는 아무것도 볼 것이 없다. 아부 심벨 대·소신전의 관람이 끝나면 곧 바로 돌아 갈 수 밖에 없다. 시간적 여유가 있으면 신전 바로 곁에 있는 네페르타리 호텔에 하루를 묵으면서 밤에 열리는 「빛과 소리의 향연」을 관람하고 새벽에 나세르 호에서 떠오르는 태양과 아침 신전을 보는 것도 좋을 것이다.

아부 심벨에서 돌아오는 길은 심한 모래바람과 불볕더위에 달아오른 모래뿐이다. 지열까지 합치면 섭씨 50도가 훨씬 넘는다. 그런데 그 속에서 사막의 신비 신기루蜃氣樓를 볼 수 있다. 신기루는 사막의 모래가 더워지면서 대기의 굴절현상으로 생기는 허상이다. 18세기 후반, 이집트에 원정 왔던 나폴레옹의 프랑스군이 멀리서

하트호르 기둥

기둥 홀 내.
(아부 심벨 소신전)

이집트 군이 몰려오는 것으로 보여 놀랐다는 바로 그 신기루이다. 사막 멀리 호수가 아롱거렸다가 곧 사라지고 얼마 있으면 신전이 있는 것처럼 보이는 것이 정말 신기하다. 이러한 사막이 이집트의 본래의 모습이다. 이러한 풍경들이 사막여행을 유혹한다. 아부 심벨의 여행은 반나절에 아스완에서 아부 심벨을 왕복해야하는 다소 힘든 여정이다. 그러나 그만큼 추억에 남는 보람 있는 여행이 된다. 이집트 여행에서 많은 것을 보았지만, 여행을 마치고 귀국하는 비행기 안에서 떠나지 않고 눈에 선하게 나타나는 것은 피라미드와 투탕카멘의 황금 마스크 그리고 아부심벨의 람세스 2세상이다.❁

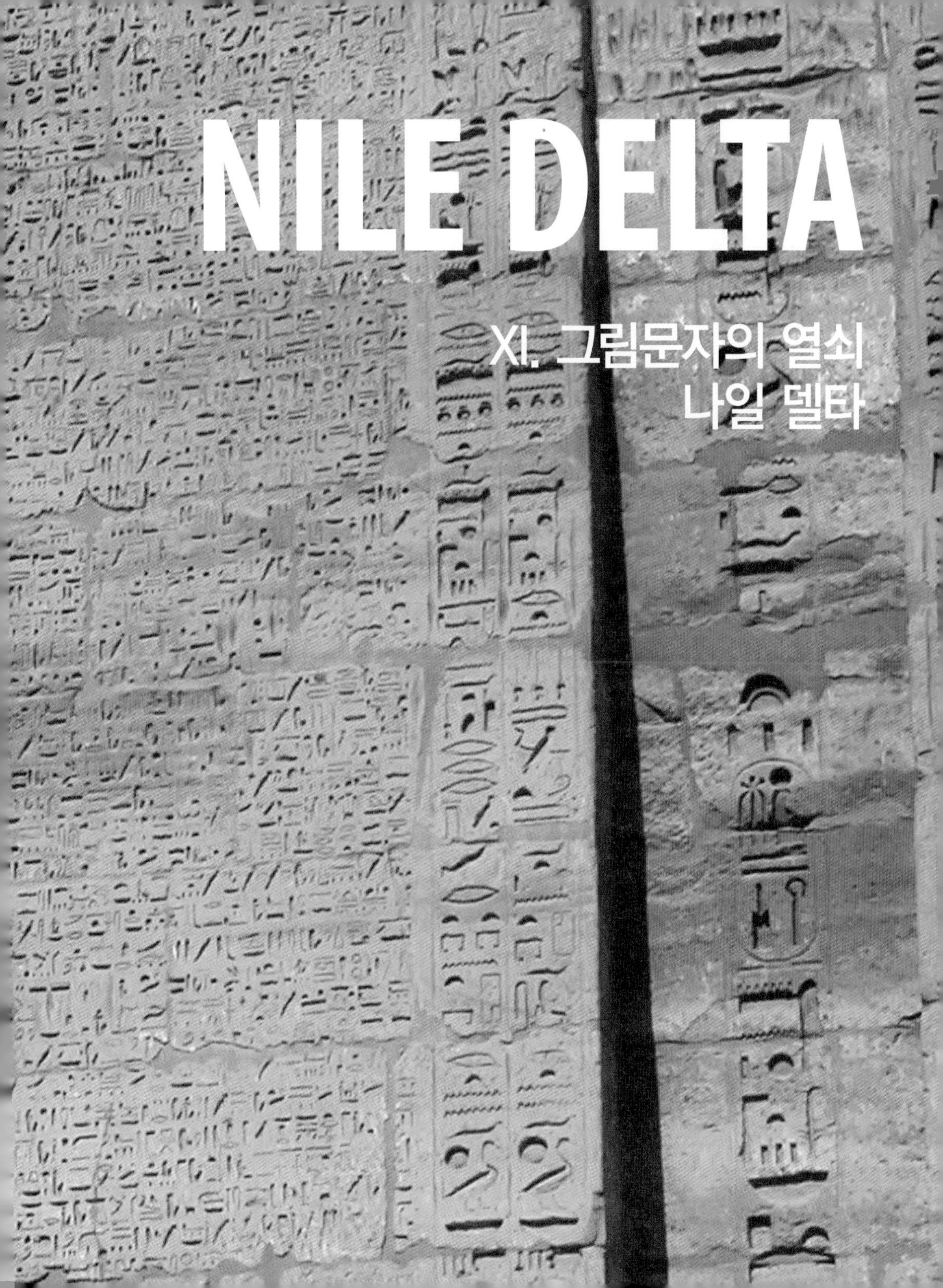

NILE DELTA

XI. 그림문자의 열쇠 나일 델타

클레오파트라 상 (그레코·로만 박물관)

클레오파트라의 무대 알렉산드리아

39

나일 삼각지 – 알렉산더 대왕의 땅

이집트의 심장 카이로에서 시작한 이집트 여행은 나일강을 따라 남으로 남으로 거슬러 올라가면서 기자, 사카라, 멤피스, 베니 하산, 아마르나, 덴데라, 아비도스, 룩소르, 에드푸, 콤 옴보, 아스완을 거쳐 이집트 최남단의 누비아 사막에 있는 아부 심벨까지 여행거리가 자그마치 1,000㎞에 이르는 먼 여행길이었다. 이제 남은 곳은 이집트의 최북단의 지중해 연안에 있는 델타지대의 몇몇 유적지들이다.

혼성신 사라피스
(그레코·로만 박물관)

나일강은 카이로를 지나면서 여러 갈래로 갈라져 대평원을 이루며 지중해로 흘러들어간다. 이 일대가 예로부터 세계적인 곡창으로 이름난 나일 하류의 델타지대이다. 하류는 지금까지 보아온 상류의 나일 계곡지대와는 지형, 기후, 풍토, 풍습이 완전히 다르다.

델타지대에도 파라오 시대의 유적들이 많았다. 그러나 이 지대는 지중해성 기후의 영향으로 겨울에는 비가 오기 때문에 습기가 많아 유적들이 오랜 세월 지나면서 대부분이 풍화되어 황폐해 버렸다. 그나마 남아 있던 유적들은 잦은 외세의 침입으로 파괴되어 대부분이 없어졌다.

현재 남아있는 유적지로 가볼 만한 곳은 알렉산더 대왕이 세운 도시 알렉산드리아Alexandria, 로제타 스톤Rosetta Stone이 발견된 히에로글리프의 도시 라시드Rashid, 그리고 마지막 왕조시대의 일부 유적이 남아 있는 타니스[50] Tanis 정도이다. 그밖에 파라오 시대의 유산은 아니지만, 알렉산드리아 서쪽의 서부사막에 자리한 초기 기독교 유적지로 세계문화유산으로 지정된 아부 메나Abu Mena 그리스도교 유적과 1869년, 델타지대의 동부에 완공된 수에즈 운하가 있다.

알렉산더 대왕의 흉상
(그레코·로만 박물관)

나일 델타의 서부 가장자리의 지중해 연안에 자리한 알렉산드리아, 이곳은 마케도니아의 위대한 세계 정복자 알렉산더 대왕[51]〈Alexander the Great: B.C.336~323〉이 세운 도시이며 절세미인 클레오파트라 7세〈Cleopatra VII: B.C.69~30〉 여왕의 무대로 세계사에 길이 남을 역사적 도시이다.

알렉산더 대왕이 페르시아 군을 무찌르고 그 여세를 몰아 이집트를 점령한 것은 기원전 332년이었다. 오래 동안 페르시아 제국의 식민지로서 가혹한 지배를 받

50) 지금의 칸티르Qantir–옛 페르 라메수로 추정.
51) 마케도니아왕국의 필립포스 2세의 아들. BC 336년 즉위, BC 334년부터 동방원정, 중앙아시아와 인도 북서부에 이르는 세계제국을 건설.

알렉산드리아의 옛 지도 1882년
(암스텔담 대학 소장)

아왔던 이집트인들은 정복자인데도 알렉산더 대왕을 이집트 해방의 영웅으로 크게 환영했다. 대왕은 이집트 서부사막의 북서부에 자리한 시와 오아시스[52] Siwah Oasis의 아멘 신전에서 아멘 신의 아들이며 이집트의 지배자라는 신탁神託을 받았다. 그리고 멤피스에서 대관식을 올리고 파라오가 되었다. 왕조시대의 전통과 문화를 존중하면서 이집트를 다스린 대왕은 테베의 룩소르 신전 안에 신 아멘을 위한 새로운 성역을 건조하기도 했다.

52) 이집트 서부사막 북서부 리비아 국경 가까이에 있는 유적. 제26왕조 파라오 아마시스와 제30왕조 넥타네보 2세가 아멘신을 위한 신전 창건.

클레오파트라오른쪽**와 카이사리온**왼쪽 **돋새김**
(하트호루 신전-덴데라)

대왕은 점령지에 자기 이름을 딴 알렉산드리아라는 도시를 30여 개나 세웠다. 그중 제일 먼저 세웠고 현재까지 남아 있는 유일한 도시가 이집트의 알렉산드리아이다. 그는 햇볕에 말리려고 길바닥에 널어놓은 밀에다가 새로 세울 도시를 직접 그렸다.

기원전 323년, 대왕은 이집트를 부하 장군에게 맡기고 동방원정에 나갔다가 도중에 열병을 얻어 바빌론의 함무라비 왕의 옛 궁전에서 갑자기 죽고 말았다. 이 때 그의 나이 33세였다. 대왕은 죽으면 시와 오아시스의 아멘 신전에 묻히기를 원했으나 그의 유해는 멤피스에 안치되었다가 알렉산드리아로 옮겨왔다. 그러나 지금까지 그의 무덤을 찾지 못하고 있다. 알렉산더 대왕은 7년 밖에 안 되는 짧은 기간에 그리스로부터 인도까지를 아우르는 세계 최대의 제국을 세웠다. 그의 동방원정으로 인류역사상 처음으로 동서양 간에 문물의 교류가 이루어졌다. 그리고 이를 바탕으로 동양문화와 서양문화가 융합하여 헬레니즘[53]이라는 새로운 문화를 탄생시켰다. 그 중심지가 알렉산드리아였다. 대왕이 죽은 뒤 제국은 분열되었으며 기원전 305년 이집트는 그의 부하였던 프톨레마이오스 라고스Ptolemaeos Lagos장군이 프톨레마이오스 왕조를 열었다.

또한 알렉산드리아는 클레오파트라 7세가 태어나고, 여왕으로 군림하여 이집트를 다스리다가 자살한 역사의 무대이기도 하다. 기원전 69년 이곳에서 태어난 절세미인 여왕 클레오파트라 7세는 파스칼B.Pascal이 「그녀의 코가 한 치만 낮았어도 세계의 역사는 달라졌을 것」이라고 절찬했던 여왕이다. 그리스 신화에서 트로이 전쟁의 원인이 된 헬레네Helene만큼 아름다웠다.

기원 전 51년, 프톨레마이오스 12세가 죽자, 뒤를 이어 클레오파트라 7세와 이복동생 프톨레마이오스 13세가 이집트를 공동 통치했다. 그러다가 동생과의 세력다툼 끝에 여왕은 시리아로 추방되고 말았다. 이 시기에 로마에서 율리우스 카이사르〈Caesar: B.C.100~44〉와 세력다툼을 하다가 패한 폼페이우스〈Pompeius: B.C. 106~48〉가 기원전 48년 알렉산드리아로 도망 왔다. 프톨레마이오스 13세는 카이사르에게 잘 보이려고 도망 온 폼페이우스를 살해해버렸다. 이집

53) 그리스(헬레네스)라는 그리스어에서 유래, '그리스풍' '그리스 문화'라는 뜻. 알렉산더 대왕의 동방원정에 의해 고대 그리스 문화와 오리엔트 문화가 융합하여 이루어진 개인주의·보편주의를 바탕으로 한 문화. 사상. 예술. 헤브라이즘과 함께 서양문화의 2대 조류가 됨.

트를 정복한 뒤 이 사실을 알게 된 카이사르는 몹시 못마땅하게 여겨 프톨레마이오스 13세를 멀리하고 클레오파트라 7세와 손을 잡았다. 카이사르의 도움으로 클레오파트라 7세는 왕위를 되찾고 이집트를 다스렸다. 연인관계가 된 그들 사이에서 태어난 것이 프톨레마이오스 15세인 카이사리온Caesarion이다. 그는 프톨레마이오스 왕조의 마지막 파라오였다.

그러나 기원전 44년, 클레오파트라 7세와 함께 로마·이집트제국을 건설하겠다는 원대한 야망을 가졌던 카이사르가 로마에서 암살당했다. 이에 클레오파트라 7세는 그의 뒤를 이어 이집트에 온 안토니우스〈Antonius: B.C.82~30〉와 관계를 맺고 이집트를 계속 다스렸다. 그러나 기원전 31년, 악티움 해전에서 옥타비아누스〈Octavianus: B.C.63~A.D.14〉가 이끄는 로마 군에 안토니우스가 이끄는 이집트 군이 참패하고 말았다. 그러자 안토니우스의 자살에 이어 클레오파트라 7세도 코브라로 하여금 자기의 유방을 물게 하여 자살했다. 이 때 여왕의 나이 39세였다. 약 3천년 동안 지속되어 왔던 고대 이집트 왕조는 역사의 뒤안길로 영원히 사라지고 이후 약 700년 동안 로마의 지배가 계속되었다. 로마의 두 장군을 매혹시킨 클레오파트라 7세는 로마인들로부터 두 장군의 명성을 더럽히고 로마를 위태롭게 한 「나일의 마녀」라는 혹평을 받았다. 그러나 클레오파트라 7세는 이집트인이 아닌데도 이집트 왕조를 살리려고 노력했던 여왕이었다. 여왕이 죽고 2천년이 지났는데도 여전히 명성을 떨치고 있다. 무성영화시대부터 지금까지 클레오파트라를 주제로 한 영화가 30편이 넘는다. 가장 유명한 것이 엘리자베스 테일러 주연의 영

성 마가 교회 (알렉산드리아)

화「클레오파트라」이다. 그밖에 세익스피어의 희곡『안토니와 클레오파트라』가 유명하다.

알렉산드리아는 그레코·로만시대의 수도로 천여 년 동안 이집트의 정치, 경제, 문화의 중심지였다. 한 때 인구가 100만 명이 넘었다. 그러나 이집트를 점령한 이슬람군이 수도를 카이로로 옮겨간 뒤로 알렉산드리아는 급속히 쇠퇴했다. 18세기 끝 무렵, 나폴레옹의 이집트 원정군이 상륙했을 때 알렉산드리아는 인구 8천명의 작은 어촌으로 전락해 있었다. 19세기 초, 이집트를 점령한 영국의 근대화 추진으로 알렉산드리아는 인구 6백만 명을 헤아리는 이집트 제2의 도시로 발전했다. 지금의 알렉산드리아는 이슬람색이 짙은 카이로와는 다른 아름다운 항구 도시로「지중해의 꽃」이라 불릴 만큼 지중해의 향기가 짙고 그리스의 항구도시 같은 분위기가 넘치는 휴양지로 유명하다.

폼페이 기둥 (붉은 화강암 기둥)

헬레니즘의 중심지 알렉산드리아

40

세계제패를 지식의 세계에서도 이루려 한 알렉산더의 꿈

카이로의 북서로 약 210㎞에 자리한 알렉산드리아, 이곳은 카이로에서 차나 기차로 하루에 다녀올 수 있는 거리이다. 비행기로 다녀올 수도 있다. 기차는 거의 매시간 마다 카이로의 람세스 광장 앞의 중앙역에서 출발하여 알렉산드리아의 마르스 역에서 내린다. 차로 가는 길은 사막 길과 농촌 길이 있다. 델타지대의 농경지 속에 뻗어 있는 농촌 길은 가는 도중에 이집트의 농촌풍경을 즐길 수 있다. 도로변에 식용 비둘기를 기르는 독특한 모양의 탑이 유난히 눈에 띈다. 이 비둘기 사육 탑은 높은 것은 10m가 넘는 것도 있다. 사막 길은 기자의 피라미드 옆 서부사막과 델타지대의 경계에 뻗어 있는 고속도로이다. 도중에 고대 이집트에서 미라를 만들 때 사용한 나트룬을 채취했던 와디 나트룬Wadi Natrun 습지대가 있으며 그 곁에 유서 깊은 수도원이 있다.

알렉산더대왕 코인
(그레코·로만 박물관)

알렉산드리아 관광은 도심에 있는 사드 자그르 광장Saad Zaghloul

로마시대의 반원형극장
이집트에 남아 있는 유일한 야외극장.

sq.에서 시작한다. 광장을 중심으로 동으로 알렉산드리아 도서관, 로마 원형극장, 그레코·로만 박물관, 로열 보석 박물관, 무명용사의 무덤, 몬타자 궁전 Montaza Palace이 있다. 서로는 폼페이의 기둥, 그리스도교의 지하 무덤 카타콤, 카이트베이 요새가 있다. 하지만 알렉산드리아는 지중해의 푸른 바다 물결, 반 타원을 이루며 길게 뻗어 있는 세계에서 제일 길다는 해변의 모래사장, 지중해에 안겨있는 하얀 도시 알렉산드리아 그 자체가 아름다운 볼거리이다.

광장에서 해변을 따라 동으로 조금 가면 그곳에 2002년에 개관한 알렉산드리아 도서관 Bibliotheca Alexandrina이 있다. 옛 알렉산더 도서관이 화재로 타버리고 1천 6백여 년 만에 유네스코의 협력을 받아 15년 걸려서 지은 도서관이다. 고풍스러운 옛 모습은 전혀 찾아 볼 수 없는 초현대식 건물로 25만권의 장서를 갖추고 있다.

옛 알렉산드리아 도서관은 기원 전 3세기 무렵, 프톨레마이오스 2세가 완공한 도서관으로 세계 제패의 꿈을 지식의 세계에서도 이루려 했던 알렉산더 대왕의 꿈을 실현하기 위해 만든 것이다. 당시 세계 3대 도서관의 하나로 인쇄기가 없었던 시대에 문학, 역사, 지리학, 수학, 천문학, 의학에 이르기까지 여러 분야의 양피지羊皮紙 두루마리 책 약 70만권을 갖추고 있었다.

그러나 화재로 도서관과 소장하고 있던 책들이 모두 불에 타 버렸다. 불타버린 책 가운데는 고대의 이집트에 관한 각종 기록들과 멤피스의 신관 마네톤[54]〈Manethon: B.C.305~246〉이 쓴 36권의 『이집트사』도 포함되어 있었다. 십자군이 알렉산드리아를 점령하면서 그리스도교에 반하는 이교의 책이라는 이유로 태워버렸다고 한다. 혹은 알렉산드리아를 점령한 이슬람군이 이슬람교에 도움이 되지 않는 책이라 해서 4천여 군데의 목욕탕에 책을 보내어 태우는데 반년이나 걸렸다고도 한다.

옛 도서관에 부속되었던 무세이온Mouseion은 그리스어로 「지식의 전당」이라는 뜻으로 영어의 박물관museum의 어원이 되었다. 무세이온을 중심으로 그리스를 비롯하여 주변 국가들로부터 당대 굴지의 시인, 예술가, 철학자, 수학자, 의학자 등 각 분야의 유

---

54) 기원전 3세기경, 플레토마이오스 2세 치세중 이집트 역사를 최초로 편찬. 고대 이집트왕조를 30왕조를 구분하고 파라오의 이름과 통치기간 명시. 마네토Ma netho라고도 함.

명한 학자들과 지식인들이 모여 알렉산드리아를 헬레니즘시대의 중심지로 만들었다. 그 가운데 「기하학 원론」으로 유명한 수학자 유클리드Eukleides, 「질량불변의 법칙」으로 유명한 아르키메데스Archimedes가 있었다. 기원전 3세기, 이곳에서 프톨레마이오스 2세 〈B.C.285~241〉의 지시로 72명의 유대인 학자들이 72일 걸려 헤브라이어로 된 구약성서를 그리스어로 번역한 곳도 알렉산드리아였다. 또한 신학자 클레멘스Clemens가 초기 신약을 편집한 곳도 무세이온으로 알려져 있다.

알렉산드리아 도서관의 남으로 조금 떨어져서 1892년에 개관된 그레코·로만 박물관Greco Roman Museum이 있다. 이집트에서 가장 오래된 박물관이다. 기원전 3세기부터 7세기까지의 그리스와 로만시대의 진귀한 유물 4천여 점을 전시하고 있다. 이 박물관에는 시대별 종교별로 구분된 27개의 전시실이 있다.

그레코·로만시대 조각
(그레코·로만 박물관)

볼만한 유물로는 6호실의 검은 화강암으로 만든 성스러운 황소 아피스 상과 알렉산더 대왕의 흉상, 7호실의 람세스 2세 흉상, 10호실의 황금 귀걸이를 한 고양이, 12호실의 신 세라피스의 흉상과 마르쿠스 아우렐리우스 황제의 군복을 입은 입상, 13호실의 클레오파트라 7세의 얼굴 조각과 알렉산더 대왕의 얼굴이 새겨진 동전, 16호실의 흰 대리석의 나일 여신상 등이 유명하다. 클레오파트라의 얼굴 조각은 코 부분의 일부가 떨어져 나갔지만, 그녀의 아름다운 모습을 엿볼 수 있다. 그 옆에 카이사르의 머리상이 있고 그 가까이에 『명상록』으로 유명한 마르쿠스 아루렐리우스 황제〈Marcus Aurelius: 121~180〉의 입상이 있다. 그밖에 그리스풍의 이시스 여신상과 그리스 신화의 제우스 모습을 한 알렉산더 대왕 상이 흥미롭다.

박물관의 서로 그리 멀지 않은 곳에 2세기 로마시대에 만든 반원형 극장Roman Odeon이 있다. 현재 이집트에 남아 있는 유일한 로마시대의 야외극장이다. 그리스 시대의 야외극장은 완전한 원형인데 비해 로마시대에는 반원형으로 만들었다. 12계단에 약 800명을 수용할 수 있는 이 야외극장에서 주로 연극 공연이나 격투기가 열렸다. 그 옆에 그리스 로마시대의 공동목욕탕의 흔적이 남아 있다.

반원형 극장에서 서로 조금 가면 100개 계단이 있는 작은 언덕에 로마시대의 유적 폼페이의 기둥Pompey's Pillar이 하늘 높이 솟아 있다. 원래 이곳에는 2세기 말에 세운 400개의 기둥을 가진 신 세라피스[55] Serapis의 신전 사라피움Sarapeum이 있었다. 그러나 4세기 말에 그리스도교도들이 파괴해버려 지금은 붉은 화강암으로 만든 높이 30m, 둘레 2.7m의 폼페이의 기둥 하나만이 푸른 하늘을 향해 높이 솟아 있다. 그 옆에 세 개의 작은 스핑크스가 있다. 그 중 하나는 머리가 없다.

폼페이우스〈Pompeius: B.C.106~48〉가 카이사르에게 쫓겨 알렉산드리아로 도망 왔다. 이때 프톨레마이오스 13세가 그의 목을 베어서 기둥 꼭대기에 메어 달았다고 해서 「폼페이의 기둥」이라는 이름이 붙은 것으로 전해지고 있다. 폼페이 기둥의 서쪽으로 조금 떨어져

55) 혼성 신. 프톨레마이오스 왕조 시대에 인위적으로 이집트의 신 오시리스와 그리스의 신 플루톤을 결합시켜 생긴 절대신.

서 2세기 무렵, 로마시대에 만든 큰 지하무덤 카타콤[56] catacomb 이 있다.

알렉산드리아의 서쪽 끝 지중해 연안에 자리한 카이트베이 요새 Qaytbay Fort는 15세기 말, 맘루크 왕조의 술탄 카이트베이가 오스만 터키 군의 침공을 방어하기 위해 만든 것이다. 지금의 성채는 19세기 초 이집트 총독 무함마드 알리가 재건한 것으로 현재 그 일부를 해양 박물관으로 쓰고 있다. 당시에는 섬이었으나 지금은 매립되어 섬은 없어지고 파로스 반도가 되었다.

반도의 동쪽 끝에 고대 세계 7대 불가사의 중의 하나인 파로스의 등대 Pharos Lighthouse가 서 있었다. 이 등대는 기원 전 3세기, 로마시대에 만든 것으로 세계에서 가장 오래된 등대로 알려져 있다. 이 등대는 기초부분은 사각형 중간 부분이 팔각형, 윗부분은 나선형의 하얀 대리석으로 만든 높이 135m의 거대한 건축물이었다. 망원경의 기능을 가진 거울이 돌면서 등대 빛을 멀리 50km 밖에까지 보냈다.

11세기 말과 13세기에 알렉산드리아를 강타한 대지진으로 등대가 완전히 파괴되어 버린 뒤로 오래 동안 잊혀 있었다. 20세기 초, 독일의 고고학자들이 등대의 흔적을 발견하여 다시 세상에 알려지게 되었다. 최근에 알렉산드리아의 아부 키르 Abu Qir 해안 근처 바다 밑에서 검은 화강암으로 된 높이 5m, 무게 12t의 파로스 등대의 꼭대기에 장식했던 이시스 여신상을 비롯하여 클레오파트라의 궁전

56) 초기 그리스도교의 지하무덤을 가리킴. 낮은 모퉁이를 뜻하는 그리스어 카타콤베에서 유래.

카트베이 요새
현재 해양 박물관으로 사용.

유적의 일부가 발견되었다. 현재 20여 점의 유물이 알렉산드리아 시내의 공원에 야외 전시되고 있다.

알렉산드리아의 여행은 다소 실망스러울 수도 있다. 알렉산더 대왕이 세운 도시이며 클레오파트라의 화려한 무대였는데도 그들의 무덤이나 궁전은 말할 것도 없고 유적이나 유물도 남아 있는 것이 아무 것도 없다. 현재 이집트에는 중부 이집트의 덴데라의 하트호르 신전의 바깥벽에 클레오파트라와 그의 아들 카이사리온의 돋새김이 있고 룩소르와 아스완 사이에 있는 콤 옴보 신전에 클레오파트라로 추정되는 돋새김이 남아 있다. 알렉산더 대왕의 석관은 이스탄불의 고고학 박물관에 소장되어 있다.

신전 벽을 장식하고 있는 히에로글리프

그림문자의 라시드

41

나폴레옹이 히에로글리프의 열쇠 로제타 스톤을 발견한 곳

「칠흑 같은 밤보다 더 검은 머리에 태양에 타는 듯한 대추야자보다 더 붉은 입술, 그리고 아름다운 그녀의 유방」 이것은 3천 5백여 년 전에 고대 이집트인들이 즐겨 읽던 연애소설의 첫 구절이다. 이러한 사랑의 이야기를 비롯하여 세계에서 가장 오래된 교훈문학『난파된 어부의 이야기』, 성서 구약의『요셉 이야기』와 너무나 흡사한『두형제의 이야기』, 해학문학이라 할 수 있는『머리와 배와의 싸움 이야기』, 그리고『사랑의 노래』와 같은 시가詩歌에 이르기까지 고대 이집트의 문학작품들이 많이 전해오고 있다. 그밖에도 고대 이집트인들은 종교문서를 비롯하여 의학, 약학, 수학 등에 관한 기록과 외교 문서, 상업문서, 계약문서, 재판기록, 편지, 심지어는 노동자의 출근기록에 이르기까지 많은 문서를 남겼다. 그들은 파피루스 종이를 비롯하여 돌조각이나 무덤과 신전의 기둥이나 벽에 그들이 만든 그림문자를 사용하여 무수히 많은 기

샹폴리옹 J. F. Champollion

히에로글리프를 해독한 프랑스 언어학자.

록을 남겨 놓았다. 이 때문에 고대 이집트 문명을 「문자의 문명」이라고도 한다.

인류 최초의 문자는 수메르의 설형문자[57] 楔形文字 cuneiform script 이다. 이보다 약간 늦게 만들어 사용한 고대 이집트 문자는 만물의 모양을 간소화하여 표현한 히에로글리프 Hieroglyphs 라고 불리는 그림문자 상형문자 로 약 3천년 동안 사용했다. 히에로글리프가 사용된 가장 오래된 기록은 기원전 3100년 무렵, 나르메르의 팔레트에 새겨진 파라오의 이름이다. 그리고 마지막으로 사용된 공식적 기록은 394년에 아스완 필레 섬의 이시스 신전에 있는 비석의 비문이다. 히에로글리프는 신 오시리스가 이집트를 다스린 「신의 시대」에 지혜의 신 토트가 만들어 인간에게 가르쳤던 문자라고 전해지고 있다. 히에로글리프는 그리스 말로 「거룩한 기록」이라는 뜻이다. 문자가 「신성한 조각」처럼 보인다 해서 이 문자를 성각문자 聖刻 文字 라고도 한다.

히에로글리프는 처음에는 원시적인 그림을 그대로 문자로 사용한 그림문자로 뜻글자 表意文字 였다. 자연, 동식물, 사람의 신체 일부, 장신구 따위에서 따온 그림기호를 조합하여 문자로 표현했다. 나중에는 뜻글자에 소리만을 나타내는 소리글자 表音文字 를 혼합해서 사용했다. 히에로글리프는 6천여 자나 되었지만, 많이 사용한 문자는 700자 정도였다.

---

57) BC 3000년경부터 고대 메소포타미아에서 사용된 인류 최초의 문자. 점토판에 뾰족한 갈대나 금속으로 끝으로 새겨 썼기 때문에 문자의 선이 쐐기 모양으로 된 문자. 쐐기문자라고도 함.

왕조시대 초기는 히에로글리프만 사용했다. 그러나 고왕국시대는 보다 간소화된 흘림체 히에라틱 문자[58] hieratic script, 그리고 기원전 6백년 무렵부터는 쓰기 편한 데모틱 문자[59] demotic script를 함께 사용하였다. 히에로글리프는 처음에는 파라오의 업적이나 사후 세계를 위한 주문을 신전의 기둥이나 무덤의 벽에 돋을새김 하는데 사용했다. 나중에는 행정문서나 종교문서, 각종 보고서, 기록, 문학, 그리고 개인 편지 따위에 사용되었다. 이 문자는 미술적 가치도 매우 높다.

신전기둥에 새겨져 있는 히에로글리프

기원 391년 로마에서 그리스도교가 공인되면서 이집트의 모든 신전이 폐쇄되었다. 이때부터 3천년 넘어 사용해왔던 고대 이집트의 그림문자도 점차 자취를 감추기 시작했다. 그레코·로만시대에는 민중문자에 그리스 문자를 섞어서 만든 새로운 문자 콥트문자 Coptic Alphabet를 사용하면서 히에로글리프는 영원히 사라지고 말았다. 18세기

58) 히에로글리프를 간략화한 글자. 한자의 행서체에 해당함. 주로 신관들이 파피루스에 흘려 썼으므로 신관문자라고도 함.

59) 히에라틱 문자를 풀어서 쓴 글자. 한자의 초서체草書體에 해당함. 파피루스에 썼으나 석비石碑에 쓴 경우도 있음. 민중들이 사용했다해서 민중 문자라고도 함.

말, 로제타 스톤의 발견으로 히에로글리프를 해독하게 되면서 다시 빛을 보게 되었다.

런던의 대영 박물관의 고대 이집트 문명 전시실에 회색 화강암의 석판 「로제타 스톤Rosetta Stone」이 전시되고 있다. 이것은 고대 이집트의 그림문자 히에로글리프를 해독하는 열쇠가 된 매우 귀중한 유물이다.

로제타 스톤

히에로글리프 해독의 열쇠가 된 비석 조각. (런던 대영박물관)

알렉산드리아의 카트베이 요새에서 지중해 연안을 따라 약 1시간쯤 동으로 가면 항구도시 로제타가 나온다. 로제타는 프랑스인들이 부른 지명이고 현재 지명은 아랍어로 라시드Rashid이다. 지금은 나일강 하구에 있는 작은 항구이지만, 17세기~18세기의 오스만 터키시대에는 이집트 최대의 항구였다.

이곳에서 로제타 스톤이 발견되었다. 1798년 7월 나폴레옹 1세[60]〈Napoléon I:1769~1821〉는 영국이 인도로 나아가는 통로를 차단하기 위해서 400여 척의 배로 3만 6천명의 이집트 원정군을 이끌고 알렉산드리아에 상륙했다. 유명한 피라미드 전투에서 이집트 군을 섬멸해버린 나폴레옹은 상륙 후 3주 만에 카이로에 무혈 입성했다. 이때 그의 나이

60) 본명 나폴레오네 부오나파르테, 프랑스의 군인·제1통령·황제. 프랑스 혁명의 사회적 격동기 후 제1제정을 건설, 워털루전투 패배로 세인트 헬레나섬에 유배되었음.

가 29세였다.

나폴레옹은 이집트 원정군 외에 175명으로 구성된 이집트 학술조사단을 함께 이집트에 데리고 갔다. 천문·지리·수학·기하·물리·화학·건축·토목·기계·조선·동식물·의학·약학·미술·음악·문학·인쇄·오리엔트학 분야의 전문가들이었다. 그가 군사원정에 이렇게 많은 학자들을 대동한 것은 알렉산더 대왕이 동방원정 때 학자들을 대동했다는 고사故事를 읽고 모방한 것이다. 그는 그들을 활용하여 피라미드와 신전을 비롯하여 고대 이집트 문명을 체계적으로 조사했다. 나폴레옹의 이집트 원정은 군사적으로나 정치적으로는 완전히 실패했으나 문화적으로는 큰 성과를 거두어 위대한 공적을 남겼다. 대표적인 예가 로제타 스톤의 발견과 나폴레옹의 이집트 조사 결과를 9권의 책과 11권의 두터운 그림판으로 만든 「이집트지 Description of Egypt」의 발간이었다. 1809년에 제1권을 발행했으며 매년 한 권씩 발행하여 1813년에 완결했다. 907장의 그림판과 3천장 넘는 그림이 실려 있는 일종의 「이집트 대백과사전」이라고 할 수 있다. 그밖에 별권으로 화가 비방 드농〈Vivant Denon: 1747~1825〉의 특대판 화문집畵文集 「이집트 남부와 북부 여행기」가 있다. 이를 계기로 유럽 각국이 이집트에 관심을 갖기 시작 했고 이것이 유럽의 문예부흥의 기폭제가 되었다. 19세기에는 이탈리아에서 이집트로 가는 정기선이 일주일에 3회 다닐 정도로 이집트 여행자가 급격히 늘어났다.

이집트지에 실린 옛 이집트 그림

나폴레옹이 이집트를 침공한 다음해인 1799년, 프랑스 원정군의 병사들이 로제타의 교외에 있는 쥬리안 요새를 수리하다가 돌비석판을 발견했다. 마법의 기호 같은 글자가 깨알같이 새겨진 검은 현무암의 비석 판이었다. 이것이 이집트 문명의 신비를 푸는 열쇠가 된 유명한 로제타 스톤이다.

그런데 1801년, 알렉산드리아 전투에서 영국군에 패한 프랑스군은 로제타 스톤을 비롯하여 고대 유물, 조각, 파피루스 두루마리, 석관 따위를 전리품으로 모두 영국군에 빼앗기고 말았다. 로제타 스톤은 영국군이 런던으로 가져가 현재 대영박물관에서 전시되고 있다. 길이 114㎝, 너비 72㎝, 두께 28㎝의 이 석판에 세 가지 종류의 글자가 섬세하게 새겨져 있었다. 석판의 맨 위 부분의 14행은 고대 이집트의 그림문자인 성각문자, 가운데 부분의 32행은 히에로글리프의 초서체인 민중문자, 맨 아래 부분의 54행은 그리스 문자였다. 그리스 문자는 히에로글리프를 번역한 것이다. 이 비문은 기원전 196년, 멤피스의 신관들이 프톨레마이오스 5세〈B.C.205~180〉의 공덕을 찬양하기 위해서 전국 신전에 파라오의 석상과 사당을 세운다는 뜻을 결정한 「멤피스 법령」이라고 불리는 선언문이었다.

이 석판에 새겨져 있는 히에로글리프를 프랑스의 천재 언어학자 장 프랑수아 샹폴리옹〈J.F.Champollion: 1790~1832〉이 해독하는데 성공한 것은 1822년으로 나폴레옹이 죽고 2년 후였다. 그는 프톨레마이오스와 클레오파트라를 포함하여 27명의 파라오의 이름을 읽는데 성공했다. 그가 히에로글리프를 해독하는데 로제타 스톤이 큰 역할을 했다. 그러나 그것만으로는 해독에 성공할 수 없었다. 그는 로제타 스톤과 함께 아스완 필레 섬의 이시스 신전에 서 있던 오벨리스크에 새겨져 있는 파라오의 카르투시를 비교하여 히에로글리프를 해독하는데 성공했다. 1821년, 영국의 고고학자 조제프 뱅크스가 발견한 이 필레 섬의 오벨리스크에도 히에로글리프와 그리스 문자가 새겨져 있었다. 샹폴리옹은 이 오벨리스크에 새겨져 있는 카르투시에 둘러싸인 프톨레마이오스 8세와 클레오파트라 3세의 이름과 로제타 스톤에 새겨져 있는 그들의 이름을 비교하여 히에로글리프를 해독하는데 성공했다. 제2의 로제타 스톤이라고 불리는 높이 6.6m의 뱅크스 오벨리스크는 현재 영국 남서부의 도시 도싯Dorset 근교, 킹스톤 레이시에 있는 그의 저택의 정원에 서 있다.

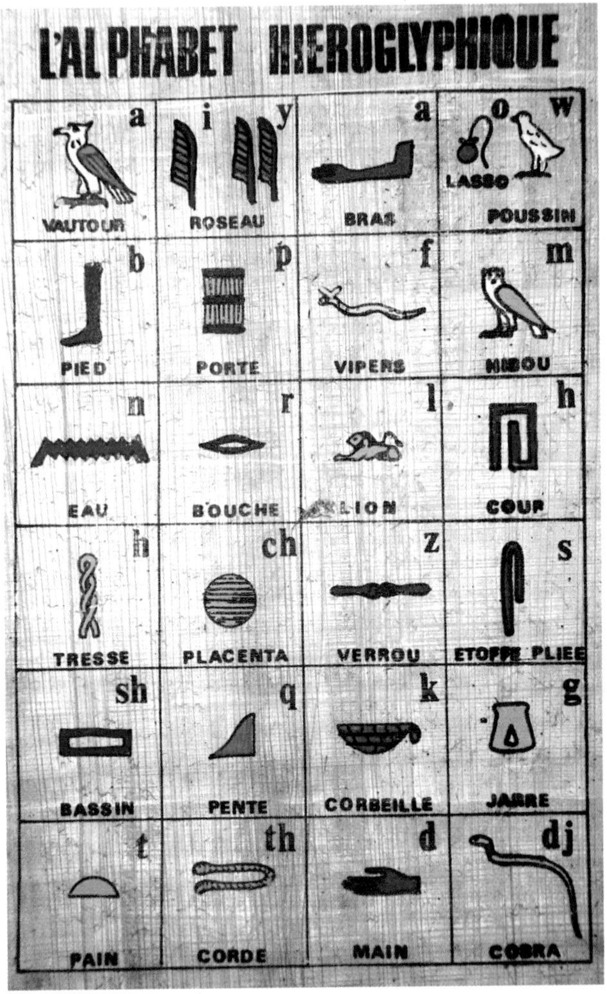

히에로글리프

샹폴리옹이 히에로글리프의 해독에 성공하는데 열쇠가 된 것은 「문자가 있더라도 소리가 없는 문자가 있다」는 사실의 발견이었다. 그가 히에로글리프가 뜻글자라는 것과 132자로 된 고대 이집트 그림문자의 알파벳을 발표한 것은 로제타 스톤이 발견되고 20년 지나서였다. 그만큼 고대 이집트의 그림문자는 해독하기가 어려웠던 것이다. 「너무 이르다. 할 일이 많은데…」라는 말을 남기고 마흔 한 살 되던 1832년에 사망했을 때 그는 히에로글리프 문법과 사전을 남겼다. 고대 이집트의 그림문자의 비밀을 풀게 되자 그 때까지 잊어버리고 있었던 고대 이집트 문명이 다시 빛을 보게 되었다. 파피루스나 유적의 돌기둥이나 벽에 히에로글리프로 남긴 많은 기록들이 하나씩 해독되면서 이것이 고대 이집트 문명의 가치를 더욱 높게 만들어 주었다.

히에로글리프는 모음이 없고 자음만 있다. 한 글자가 한 가지 소리를 내는 「한 소리글자」, 두 가지 소리를 내는 「두 소리글자」, 세 가지 소리를 내는 「세 소리글자」가 있다. 히에로글리프는 상하좌우 어느 쪽으로도 쓸 수 있는 것이 특징이다. 히에로글리프를 영어 알파벳의 기원으로 보는 이유는 영어 알파벳의 기원이 로마자이며, 그 로마자의 기원인 페니키아 문자가 이집트 문자의 영향을 받았기 때문이다. 히에로글리프의 땅 로제타에는 로제타 스톤의 발견을 기념하는 기념비가 서 있다.

히에로글리프와 파라오의 돋새김

를 발명했지. 그리고 문자를 발명했어. 그때 상上 이집트에는 타무스Thamus라는 왕이 있었는데 우리 그리스인들이 아몬Ammon이라고 부르는 신왕神王이지. 테우트가 자기 발명품들을 왕에게 가지고 와 보여주면서 모든 이집트인들에게 이것을 가르쳐 주면 매우 이로울 것이라고 말했어. 특히 글쓰기를 가르쳐 주면 사람들이 좀 더 현명해지고 그들의 기억을 좀 더 잘 보존할 수 있다고 설명했지. 발명품들을 점검하던 왕은 문자에 대해서는 매우 비판적이었어. 자신은 글쓰기를 몰라도 통치에 전혀 불편이 없었고, 말을 통해 명령을 내리면 모든 것이 그대로 이루어졌거든. 말만으로 충분했고, 만일 문자가 있어 기록되면 그의 권위에 손상이 온다고 생각했어. 그래서 타무스 왕은 테우트가 만든 문자를 수용하지 않았다는 거야.

여기서 데리다는 이 옛 이야기를 전하는 소크라테스가 음성언어보다 문자언어가 열등하다고 생각하고 있음을 암시한다. 말씀logos은 왕의 '충성스러운 아들'인데 비해 문자는 아버시가 필요 없는 '사생아' 혹은 '고아'와 같다는 것이다. 왜냐하면 문자는 아버지의 현전 없이 아버지의 말을 기록해서 전할 수 있기 때문이다. 결국 문자는 아버지의 부재와 관계가 있고, 글쓰기는 살부殺父행위인 것이다.

데리다는 또 플라톤이 글쓰기를 약도 되고 독도 되는 파르마콘Pharmakon으로 여겼다는 사실에 주목한다. 파르마콘은 '마법의 약'이라는 뜻의 그리스어이다. 영어의 drug이 좋은 측면과 나쁜 측면을 동시에 지니고 있듯이, 고대 그리스에서 이것은 치료제와 독약을 동시에 의미했다.

글쓰기는 우리의 기억을 잘 보존시켜 주므로 약처럼 이로우나, 기억력을 감퇴시키고 모든 것을 망각하게 만든다는 점에서는 독과 같다. 글쓰는 사람은 자신의 내적 기억을 모두 잊고 외부적인 문자의 표지에만 모든 것을 의존하게 되기 때문이다. 파르마콘은 치료와 독이라는 상반된 영역에 속해 있는, 그 어떤 측면이라고 딱 잘라 말할 수 없는, 결정불가능성undecidable이다.

글쓰기는 결정불가능성이다. 글쓰기를 파르마콘으로 여겼던 플라톤에서 서구 철학의 로고스 중심주의를 비판했던 데리다는 여기서 또한 글쓰기의 결정불가능성이라는 또 하나의 전략을 끌어낸다.

글쓰기가 결정불가능성이라면 글쓰기 주변에 포진하고 있는 모든 이분법적 개념들의 견고성도 흔들리게 된다. 예컨대 플라톤의 모든 논의는 아버지·아들, 이집트·그리스, 기원·파생이라는 이분법에 의존하고 있다. 그러나 이것들은 과연 그렇게 확고한것인가? 라고 데리다는 묻고있다.

이번 이집트 여행에서는 미학적인 감동 말고도 그동안 궁금하게 생각하던 두 가지를 알게 된 것이 큰 소득이다. 데리다의 『회화의 진실』을 읽으며 의아해 하던 cartouche英, 카투슈, 佛 까르뚜슈와 hypostyle英 하이포스타일, 佛 이포스틸에 대한 깨우침이 그것이다. 앞으로 내 독서의 기초가 한층 더 탄탄해 질 것 같은 예감이 든다.

탄약통을 뜻하는 cartouche가 왜 이집트의 지체높은 사람을 뜻하는 사인이 되었는지, 그리고 또 열주실列柱室이라고 사전에 나와있는 hypostyle은 주랑柱廊인 portico와 어떻게 다른것인지 전혀 개념이 들어오지 않았었다.

우선 카투슈. 상형문자글에 보면 간간히 위아래로 긴 타원형의 고리가 둘러쳐진 부분이 있는데, 이것이 바로 그림에 그려진 왕이나 왕비 혹은 신의 이름을 나타내는것이다. 나폴레옹 군대가 처음으로 이집트에 들어갔을때, 군인들은 그 타원형 고리가 탄창과 모양이 비슷하다고 해서 까르뚜슈라고 불렀고, 나중에 상형문자가 해독이 되었을때 그것이 지체 높은 사람의 이름을 두른 테두리라는 것이 밝혀졌다고 한다.

충격적인 경외감 불러 일으킨 열주실

그리고 열주실列柱室 hypostyle hall. 사진에서 익히 보던 피라미드나 스핑크스와 달리 이번 여행에서 가장 충격적인 경외감을 불러 일으킨 것이 바로 이 열주실이다. 카르나크 신전에서 탑문, 안 마당, 그리고 두 번째 탑문을 통과해 들어갔을때 나타나는 거대한 기둥들의 숲. 그건 충격이었다.

그리스식의 주랑柱廊에만 익숙해 있던 내가 감히 어떻게 이런 기둥의 숲을 상상이나 할 수 있었겠는가? 102x53m의 대지 위에 높이 23m, 주두柱頭의 원주圓周 길이 15m인 거대한 기둥 134개가 정렬하여 빼곡히 차있는 모습이라니. 주두는 활짝 핀 파피루스 꽃 모양이고, 기둥의 동부胴部에는 그림과 상형문자가 빈틈없이 부조되어 있었다. 드문드문 채색이 남아 있는 것으로 보아 원래는 134개의 기둥 전체가 화려하게 채색되어 있었다는 것을 알 수 있었다. 통돌의 묵직한 질량감이 사람을 압도하는 기둥의 숲 안에서 까마득히 위를 올려다 보면 파피루스 주두 사이로 하늘은 그냥 티 한점 없이 투명하게 푸르렀다.

이집트는 모든 것의 기원이라고 말했지만 하기는 그것도 알 수 없는 일이다. 데리다가 생각하듯 기원과 파생의 이분법이란 과연 확고한 것인가? 기원은 기원을 부르고, 하나의 기원은 더 먼 또 다른 기원으로 후퇴하고, 그 기원은 또 또다른 먼 기원으로 후퇴해 들어가고, 하지 않는가. 마치 문장紋章의 패턴을 다시 반복하여 문장의 한 가운데 박아 넣은 조그만 액자처럼 끊임없이 아래로 빠져 들어가는 반복의 반복, mise en abime! 아득히 먼 이집트의 문명도 그 앞의 어떤 것에 대한 보충 대리 그리고 반복이었는지 모른다. 거대한 신전의 기둥 앞에서 내가 느낀 현기증은 바로 끝없는 심연으로 빨려 들어가는 듯한 그 기원의 소용돌이였다.※

맺는 말

어느 해 겨울, 아스완의 나일강에서 펠루카에 몸을 싣고 노을에 붉게 물든 모래언덕을 바라보면서 한가로이 시간을 보낸 적이 있었다. 돌이켜 보니 대한항공 재직 때는 업무상 다닌 도시가 아프리카에서 남미까지 100여 군데 넘는다. 정년퇴직 후에도 홀로 카메라를 메고 지구촌 곳곳을 다녔지만, 결국 고대 문명의 보고 이집드, 대초원의 몽골, 앙코르와트에 흠뻑 매료되어 몇 번을 다녀왔다. 그리고 이것이 계기가 되어 고대 이집트 문명에 관한 책을 집필하게 됐고 완성까지 그럭저럭 4년이 걸렸다.

그 동안 5천 년에 이르는 오랜 시공을 초월하여 이집트의 옛 땅을 나일강 따라 이곳저곳 돌아 다녔다. 그리고 아마추어 수준을 벗어나지 못한 솜씨지만, 디지털 카메라에 많은 사진을 담았다. 무엇보다 인류문명과 고대사에 관련된 많은 책과 자료를 접할 수 있는 기회를 가졌고 더욱이 그리스도교를 비롯하여 이슬람교, 유대교에 이르기까지 종교에 관심을 갖게 된 것이 큰 수확이다.

밤낮으로 컴퓨터와 씨름하면서 글을 쓰고 다듬고 그리고 포토샵으로 사진을 정리하는데 많은 시간을 보냈다. 이런 것들이 모두 정년퇴직 후에 많은 시간을 뜻 있게 보내는데 큰 도움이 됐다.

몇 차례에 걸친 이집트 여행을 통해 고대 이집트 문명의 위대함에 새삼 놀라지 않을 수 없었다. 오늘날 선진 문명을 자랑하는 서구사회가 아직 동굴 속에 살면서 수렵과 채집생활을 하고 있을 때 고대 이집트인들은 나일강 유역에서 농사를 짓고 빵과 와인을 만들어 먹고 태양력과 그림문자를 발명하여 사용하면서 고도의 문화생활을 했고 많은 기록을 남겼다. 서구인들이 그들 문명의 근원으로 삼고 있는 그리스 문명조차도 고대 이집트 문명의 영향을 받았다.

5천 년 전에 이미 그곳에는 파라오가 다스리는 중앙집권체제라는 「현대국가의 원형」이 있었고 또한 그곳에서 「현대 문명의 뿌리」를 찾아 볼 수 있었다. 문명은 멸망하여 사라지는 것이 아니라 확산되어 이어져 가는 것 같다. 4천 몇 백 년 전에 만든 기자의 돌산 피라미드를 보면 현대 건축기술에 못지않고 암굴 무덤 속의 벽화를 보면 피카소의 추상화를 연상케 하며 아부 심벨 대신전의 정면을 장식한 람세스 2세의 조각은 어느 미술관에서 보는 현대의 조각작품과 다를 것이 없다. 참으로 놀랍다 못해 신비감마저 든다. 뿐만 아니라 이집트 여행을 해보면 실패로 끝났지만 고대 이집트의 유일신의 신앙이나 죽은 자에 대한 최후의 심판이나 재생·부활·영생 등을 볼 때 「현대 종교의 발원지」가 이집트가 아닌가 하는 생각을 갖게 한다. 그밖에 천문학·기하학·수학·의학·약학·우주학·건축학에 이르기까지 그 뿌리를 그곳에서 발견할 수 있었다.

또한 이집트에는 요셉의 기근극복 이야기, 모세의 출애굽과 십계명 이야기, 그리고 아기 예수의 이집트 피난 이야기가 전해오고 있으며 곳곳에 그 흔적이 남아있다. 이집트는 「성서의 땅」이기도 하다. 그래서 이집트는 그리스도교도들의 성지 순례의 출발지이다. 고대 세계의 일곱 가지 불가사의 중 두 개가 이집트에 있고 그 중 유일하게 기자의 대피라미드만 남아있다. 지구촌에 여행해야 할 곳이 많다. 그렇지만 이런 저런 이유로 꼭 한번은 가보아야 할 여행지가 이집트라고 권하고 싶다. 그러나 이집트 여행에는 반드시 고대 이집트문명에 관한 자료를 읽고 예비지식을 갖고 여행하는 것을 잊지 말아야 한다.

함께 이집트 여행을 했고 이 책을 집필하는데 있어서 몇 번 도중에 그만두려는 것을 끝까지 독려해주신 한림대학교 이상우 전 총장과 이 책의 출판을 기꺼이 맡아주신 기파랑의 안병훈 사장에게 우선 감사를 드린다. 그리고 신아시아연구소의 박광희 박사와 유재의 양, 서울대에서 서양 미술사를 전공한 이선영 양, 함께 여행하면서 찍은 사진도 제공해주고 많은 조언을 해준 여동생 부부 허현과 이현미, 현지 안내도 해주고 많은 자료를 제공해준 카이로 주재 이종희 씨, 복잡한 글과 많은 사진 편집을 맡아 애써주신 북디자이너 김정환씨, 책 출판을 마지막까지 챙겨주신 기파랑의 조양욱 주간과 박은혜 양에게 마음깊이 감사드린다.

2009년 여름 서울 화곡에서

이태원

고대 이집트 문명 키워드 해설

게브 Geb : 대지의 신. 공기의 신 슈의 아들, 하늘의 신 누트의 남편. 활처럼 휜 누트의 몸 아래 누운 모습.

고왕국 Old Kingdom : 제3~6왕조시대B.C.2686~B.C.2181. 고대 이집트 최초의 황금기로 고대 이집트 문명 기반구축. 수도 멤피스. 피라미드 건설. '피라미드 시대'라고도 함.

관 문서 Coffin Texts : 중왕국시대전2055~1650의 장제문서. 목관에 죽은 사람의 부활을 위해 적어놓은 주문.

귀족의 무덤 : 룩소르 나일강 서안에 있는 신왕국시대의 귀족 무덤.

나르메르 팔레트 Narmer Palette : 기원전 3100년 무렵, 상·하이집트를 통일한 나르메르 왕이 새겨져 있는 석판. 히에라콘폴리스에서 출토.

나일로 미터 Nilometre : 나일강의 수위를 재기 위해 설치한 수위표

낮과 밤의 책 Book of Day & Book of Night : 고대 이집트의 장제문의 일종.

네이트 Neith : 창조의 여신. 악어의 신 소베크Sobek의 어머니. 하 이집트의 붉은 관을 쓰고 화살이 달린 방패를 들고 있는 모습.

네케베트 Nekhebet : 독수리의 여신. 왕의 수호여신. 상 이집트의 하얀 관을 쓰고 날개를 펼친 모습.

네크로폴리스 necropolis : '죽은 자의 도시'를 뜻하는 그리스 어. 해가 지는 나일강 서 안은 죽은 자의 땅으로 네크로폴리스라고 불렀음. 기자, 사카라, 룩소르 서안이 고대 이집트의 3대 네크로폴리스.

네페르티티 Nefertiti : '아름답다'는 뜻. 종교개혁을 시도한 제18왕조 10대 파라오 아크엔아텐의 왕비. 고대 이집트의 최고 미인.

네페르타리 Nefertari : '가장 아름다운 자'라는 뜻. 제19왕조 파라오 람세스 2세의 왕비.

네프티스 Nephtys : 물·습기의 신. 창조신 아툼의 딸, 대기의 신 슈의 아네. 두개의 뿔로 받친 태양원반을 쓴 여자의 모습.

노모스 Nomos : 고대 이집트의 행정구역. 상하이집트에 42개의 노모스가 있었음.

누트 Nut : 하늘의 여신. 공기의 신 슈의 딸, 땅의 신 게브의 아네. 벌거벗고 누운 게브 위에서 엎드려 있는 모습.

눈 Nun : 원초의 바다. 물 속에 몸을 반쯤 잠근 채 서서 팔을 들어 태양선을 떠받치고 있는 인간의 모습.

데르 엘 바흐리 Deir el Bahri : 룩소르 서안 유적지. 하트셉수트 여왕과 멘투호테프 2세의 장제전이 있음.

데르 엘 메디나 Deir el Medina : 왕들의 계곡 등 암굴무덤 조성에 종사한 직인들의 마을이 있음.

데르 엘 아마르나 Deir el Amarna : 신왕국 제18왕조 10대 파라오 아크엔아텐이 종교개혁을 위해 세운 도시. 고대 이집트의 이름 아케트아텐.

데모틱 Demotic : 민중문자. 히에로글리프를 쓰기 쉽게 만든 문자.

라 Ra : 태양신. 매 머리에 뱀으로 둘러싼 태양원반이 달린 왕관을 쓴 모습.

라-아툼 Ra-Atum : 천지창조의 신. 라의 다른 이름.

로제타 스톤 Rosetta Stone : 그림문자 히에로글리프 해독의 열쇠가 된 돌 비석.

로터스 lotus : 연꽃. 상 이집트의 상징. 저녁이 되면 꽃잎

을 닫고 새벽에 첫 햇빛을 받아 다시 피어나기 때문에 재생의 상징으로서 고대 이집인들이 신성시했음.

마네토 Manetho :기원전 3세기, '이집트사'를 쓴 멤피스의 신관. 고대 이집트 왕조를 30왕조로 구분.

마스타바 mastaba : 석실 무덤. 선왕조시대와 고왕국시대에 만든 무덤의 형태. 무덤이 등받이 없는 의자와 비슷해서 아랍어의 벤치를 뜻하는 마스타바로 불림.

마아트 Ma-at : 정의와 진리의 여신. 깃털을 머리에 꽂은 모습.

맘루크 Mamluke : '백인 노예'를 뜻함. 아이유브 왕조의 군사령관이 창건한 왕조1382~1517년.

맘미시 mammisi : 탄생의 집. 말기왕조부터 로마지배시대에 걸쳐서 세워진 특수한 소신전.

메디네트 하부 Medinet Habu : 룩소르 서안의 유적지. 람세스 3세 장제전, 투트모세 3세 신전이 있음.

메스타 Mesta : 죽은 사람의 간을 보관하는 항아리의 수호신. 호루스의 아들.

모스크 mosque : 이슬람교의 사원. 아랍어로 '이마를 땅에 대고 절하는 곳'이란 뜻의 마스지드masjid. 모스크에는 회랑, 청정우즈아의식을 하는 샘물, 메카 방향을 가리키는 벽감미흐라브, 설교사하티브를 위한 단민바르, 탑미나렛이 있음.

무함마드 알리 Muhammad Ali 1769~1849년 : 프랑스의 이집트 침입에 대항하기 위해 오스만 터키에서 파견된 장군. 이집트 정착 후 정치, 군사, 경제개혁 단행. 근대 이집트 건설의 기초를 닦음.

미라 Mummy : 고대 이집트의 내세관에 의해 유해를 보존하기 위해 인위적으로 만든 유해. 카이로의 이집트 박물관의 미라실에 파라오들의 미라가 전시되고 있음.

미스르 misr : 이슬람 군이 정복지에 건설한 군사도시.

민중문자 Demotic : 히에로글리프를 간소화한 문자.

바 Ba : 인간을 구성하고 있는 요소의 하나. 손과 사람의 머리를 가진 새로 표현.

바스테트 Bastet : 여성의 수호여신. 성스러운 딸랑이를 단 고양이 모습.

벤 벤 Ben ben : 혼란의 바다에서 생겨난 최초의 언덕

베누 Bennu : 불사조로 재생을 상징. 원시의 언덕에서 아툼의 천지창조를 도움.

사자의 서 Book of the Dead : 신왕국시대의 장제 문서. 죽은 자가 명계에서 부디 칠 위험을 극복하고 영생을 얻기 위한 주문이나 신들에 대한 찬가.

살라딘 Salah ad-Din 1137~1193 : 반 십자군의 영웅. 아이유브 왕조의 초대 왕.

샤브티 Shabti : 이집트의 장송용 소상小像. 푸른 파이엔스 Faience-석회, 구리, 나트륨을 섞어서 만듦.

세마타위 Samtaui : 상·하 이집트의 통합을 상징하는 의식적 몸짓. 통합의 상징물을 북과 남의 식물로 둘러싸는 행위.

세노타프 Cenotaph : 유해가 없는 상징적 무덤. 빈 무덤.

스핑크스 Sphinx : 고대 이집트의 신전이나 파라오의 무덤의 수호신.

시리우스 Sirius : 하늘에서 가장 밝은 항성. 큰 개좌Dog Star의 알파별.

시타델 Citadel : 아유브 왕조의 창시자 살라딘이 십자군을 격파하기 위해 12세기에 카이로의 모카탐 언덕에 건설한 요새. 19세기까지 이집트의 정치적 중심지.

신왕국 New Kingdom : 제18~20왕조B.C. 1550~1069년. 고대 이집트의 세 번째 황금시대.

세라피스 Serapis : 혼성 신. 프톨레마이오스 왕조 시대에 인위적으로 이집트의 신 오시리스와 그리스의 신 플루톤을 합쳐서 만든 국가 신.

세르케트 Serket : 전갈의 신. 투탕카멘의 내장을 담은 궤를 지키는 4명의 여신 중 하나. 전갈의 머리를 가진 여자 모습.

세베크 Sebek : 콤 옴보의 수호신. 악어 머리를 가짐.

세크메트 Sekhmet : 파괴의 여신. 태양 원반이 달린 왕관을 쓰고 앙크를 쥐고 있는 모습.

세트 Seth : 무질서, 혼란의 신. 오시리스 신화에서 오시리스를 살해. 세트는 호루스에 의해 복수 당함. 이상한 동물의 머리를 가진 모습.

소베크 Sobek : 악어의 신. 콤 옴보가 숭배 중심지. 악어 머리를 가진 모습.

슈 Shou : 대기의 신. 반듯이 누운 게브의 위에서 누트를 받치고 있는 모습.

스카라베 Scarab : 태양신의 화신 풍뎅이로 '태양의 사자'

아누비스 Anubis : 죽은 자의 수호신, 검은 자칼의 머리를 가진 모습.

아라베스크 arabesque : 아라비아 풍이라는 뜻. 이슬람교 사원의 벽면이나 공예품의 장식에서 볼 수 있는 아랍 특유의 무늬.

아멘 Amen : 하늘의 신. 파라오 수호신. 푸른색 피부와 휘어진 뿔의 숫양 머리를 가진 모습.

아멘 라 Amen-Ra : 태양신. 테베의 아문 신과 헬리오폴리스의 태양신 라가 합체한 신. 신왕국의 국가최고 신.

아미트 Ammit : 하마, 사자, 악어의 모습이 섞인 괴물. 심장 무게 달기 의식에서 죽은 자의 심장을 먹으려고 기다리는 모습으로 묘사.

아케트아텐 Akhetaten : '아텐의 지평선'이라는 뜻. 18왕조의 10대 왕. 아크엔아텐이 건설한 태양신 라Ra의 도시.

아크로폴리스 Akropolis : '산 자生者의 도시'를 뜻하는 그리스어. 고대 이집트에서 해가 뜨는 나일강 동안을 산 자의 땅으로 아클로폴리스라고 불렀음.

아크엔아텐 Akhenaten : '아멘은 만족한다'라는 뜻. 아멘호텝 4세의 별명. 종교개혁을 시도했던 왕.

아테프 Atef : 두개의 타조 깃털로 장식된 상 이집트의 흰 왕관.

아텐 Aten : 태양신으로 천지창조자. 태양광선을 비치는 태양원반.

아툼 Atum : 창조 신. 해질 무렵의 태양을 관장하는 신.

아피스 Apis : 멤피스의 황소 신. 고뿔 사이에다 태양의 원반과 코브라 부적을 단 모습.

앨러배스터 Alabaster : 석회암의 일종. 누런빛에 흰색 줄무늬가 있는 반투명한 아름다운 돌. 석상이나 조각용 석재. 우리말로 설화석이라고 함.

암두아트의 책 Book of Amduat : 신왕국시대의 장제문서의 하나.

앙크 Ankh : '영원한 삶'을 뜻함. 십자 모양. 내세의 문을 열 수 있는 열쇠.

오벨리스크 Obelisk : 고대 이집트의 기념 석주. 태초의 언덕을 상징하는 헬리오폴리스의 성석聖石에서 유래한 길고 끝이 뾰족한 사각 돌기둥.

오시리스 Osiris : 죽은 자의 신. 명계의 지배자.

오페트 축제 Opet Feastival : 룩소르 신전에서 열린 아문 신을 위한 종교 축제.

왕들의 계곡 : 룩소르 나일강 서안에 있는 신왕국시대 왕들의 암굴무덤 계곡.

왕비들의 계곡 Queens Valley : 룩소르 나일강 서안에 있는 네크로폴리스로 왕비 무덤이 있는 계곡.

우리에우스 Uraeus : '일어서는 여자'라는 뜻. 왕관 앞에 솟아난 암컷 왕 코브라.

웨자트 Wedjat : 호루스 신의 눈. 안전을 지켜주는 부적.

이비스 Ibis : 토트 신의 성조聖鳥.

이시스 Isis : 사랑의 신. 왕좌를 쓰고 있거나 쇠뿔사이에 태양원반을 얹은 모습.

이아루의 들 Ialu fields : 오시리스가 지배하는 명계에 있는 평원으로 내세의 낙원.

입 여는 의식 Opening of the mouth : 무덤에 안치하기 직전의 유해에 생명을 불어 넣는 의식.

장례신전 mortuary temple : 고대 이집트에서 파라오의 장례식 후 제사지내던 신전.

성소 Sanctuary : 신상을 안치해두고 있는 신전에서 가장 성스러운 곳.

카 Ka : 고대 이집트에서 인간의 혼의 하나인 생명력.

카데시 Kadesh 전투 : 기원전 13세기, 아시리아의 카데쉬에서 람세스 2세의 이집트군과 하타이트 간의 전투.

카르투시 Cartouche : 파라오의 이름을 기록해 둔 타원형 판넬. 태양신 라의 우주의 힘과 파라오의 힘을 상징. 파라오의 다섯 이름 중 탄생명과 즉위명에만 사용.

칸 알 카릴리 Khan Al-Khalili : 카이로의 이슬람지구에 있는 재래 시장.

카노프스 단지 Canopic jars : 미라가 된 유해의 내장을 넣어두는 용기.

케메트 Kemet : '검은 땅'이란 뜻. 왕조시대 이집트를 케메트라 불렀음.

케브세세누프 Quebsehsenuf : 죽은 자의 내장 보관 항아리의 수호신. 독수리 머리를 가진 신.

케프리 Chepre : 재생의 신. 스카라베 쇠똥구리의 머리를 가진 모습.

코핀 텍스트 Coffin Texts : 중왕국시대의 장례문서의 하나. 관 문서 참조.

콘스 Khons : 달의 신, 아멘 신의 아들. 테베의 세 신의 하나. 새 머리에 달을 이고 있는 모습.

콥트 Copts : 이집트의 토착 그리스도교도.

콥트문자 Coptic alphabet : 초기 이집트의 기독교도들이 사용한 문자. 그리스문자 24자와 고대 이집트 민중문자 7자로 만든 단음문자.

크눔 Khnum : 창조의 신. 뿔이 난 숫양의 머리를 가진 모습으로 표현. 엘렌판틴 섬과 에스나에 신전 있음.

키오스크 Kiosk : 신전의 선착장.

탑문 Pylon : 신전의 입구에 있는 장대한 건조물. 두 개의 거대한 탑으로 구성.

태양의 배 Solar Bark : 태양신의 하늘 여행 때 탄 거룻배.

테베 Thebes : 지금의 룩소르. 나일강 중류의 고도. 중왕국과 신왕국의 수도.

테프누트 Tefnut : 습기의 신. 사자의 머리를 가진 여인 모습으로 표현.

토트 Thoth : 지혜의 신. 초승달과 원반을 쓰고 손에는 석판과 붓을 들었으며 검은 따오기의 머리를 가진 모습으로 표현. 신앙의 중심지 헤르모폴리스.

투아무텝 Tuamutef : 죽은 자의 위를 보관하는 항아리의 수호신. 자칼의 머리를 가진 모습.

파라오 Pharaoh : 고대 이집트를 다스린 현인신. 왕궁이란 뜻의 이집트 상형문자 페르-아 pr-aa의 그리스어 표기에서 유래.

파티마 왕조 Fatimids : 이슬람교 시아파의 하나인 이스마일파 왕조909~1171.

파피루스 Papyrus : 나일강 늪지대에 자라는 갈대의 일종. 파피루스의 줄기를 이용하여 종이를 비롯하여 배, 샌들, 밧줄 등을 만들어 사용. 영어 페이퍼paper의 어원.

펠루카 Felucca : 고대로부터 나일강에서 사용되어온 화물 운반용 돛단배. 현재 관광용으로 이용.

푸스타트 Fustat : 642년 이집트 침략한 아랍군이 지금의 카이로에 세운 군사도시. 이집트의 발상지.

프로나오스 pronaos : 신전이나 무덤의 전실前室.

프타 Ptah : 멤피스의 창조 신. 등에 육체적인 안녕과 성생활을 상징하는 메나트를 메고 손에는 삶과 안정을 상징하는 휘장을 들고 있는 모습.

프톨레마이오스왕조 Ptolemaeos : 알렉산더 대왕의 사후, 그의 장군이었던 프톨레마이오스가 세운 왕조B.C. 332~30. 수도 알렉산드리아.

피라미드 문서 pyramid texts : 고대 이집트의 가장 오래된 장제문서. 피라미드 내부 벽에 새겨져 있음. 죽은 파라오의 영생과 부활을 돕기 위한 주문.

피라미디온 Pyramidion : 태양의 상징. 피라미드나 오벨리스크의 꼭대기에 올려져 있는 돌. 금박한 돌로 만든 작은 피라미드. 옆면에 파라오의 칭호 및 태양신 등을 새긴 부조로 장식.

하라크티 Harakhty : '지평선의 호루스'란 뜻. 동쪽 지평선의 아침 일출의 신. 태양신 라와 합체 라-하라크티Ra-Hrakhti가 됨. 매의 모습으로 표현됨.

하 이집트 Lower Egypt : 나일강 하류에 있던 고대 이집트의 부족국가 연합체. 부토가 중심지.

하트호르 Hathor : 사랑의 여신. '호루스 신의 집'이라는 뜻. 태양신 라의 딸. 태양원반이 있는 암소의 뿔을 가진 여자.

하피 Hapy : 나일강의 신. 턱수염과 커다란 배를 가지고 있으며 양성을 가진 인간의 모습.

헤로도토스 Herodotos B.C.484~425 : 역사의 아버지로 불리는 기원전 5세기의 그리스 역사가. 이집트 여행 후 그의 저서 『역사』에서 이집트를 소개.

헤제트 Hedjet : 상 이집트의 파라오의 상징인 흰 왕관.

헬레니즘 Hellenism : '그리스풍'이라는 뜻. 고대 그리스 말부터 로마 성립까지의 시기에 그리스 문명과 오리엔트 문명이 융합한 문화. 알렉산드리아가 중심지.

헤르모폴리스 Hermopolis : '헤르메스의 도시'라는 뜻. 고대 이집트의 고도로 현재의 아슈무네인.

헬리오폴리스 Heliopolis : '태양의 도시'를 뜻함. 태양신 라 신앙의 중심지. 현 카이로 국제공항 부근.

호루스 Horus : 하늘의 신. 매의 머리를 가진 모습.

히에라콘폴리스 Herakonpolis : 나르메스 왕의 팔레트 출토된 상 이집트의 유적지.

히에라틱 hieratic : 히에로글리프를 간략화한 문자. 신관문자神官文字라고도 함.

히에로글리프 Heiroglyphe : 그리스어로 '거룩한 기록'이란 뜻. 고대 이집트 상형문자.

히타이트족 Hittites : 기원전 2천년경, 아나톨리아지역에 정착한 인도유럽어 사용 민족. 히타이트 제국을 세웠음. 기원전 13세기 람세스 2세와 카데시에서 싸웠음.

힉소스 Hyksos : 이집트어로 '이국異國의 지배자'란 뜻. 기원전 18세기, 이집트를 침략, 약 150년 동안 델타지대를 중심으로 이집트 지배.

이집트의 유혹
초판 1쇄 발행일 2009년 9월 9일
초판 7쇄 인쇄일 2019년 10월 10일

지은이 | 이태원
사진 | 이태원
펴낸이 | 안병훈
북디자인 | 김정환

펴낸곳 | 도서출판 기파랑
등록 | 2004년 12월 27일 제300-2004-204호
주소 | 서울시 종로구 대학로8가길 56(동숭동 1-49) 동숭빌딩 301호
전화 | 02)763-8996(편집부) 02)3288-0077(영업마케팅부)
팩스 | 02)763-8936
이메일 | info@guiparang.com
홈페이지 | www.guiparang.com

ISBN 978-89-91965-23-2 03980

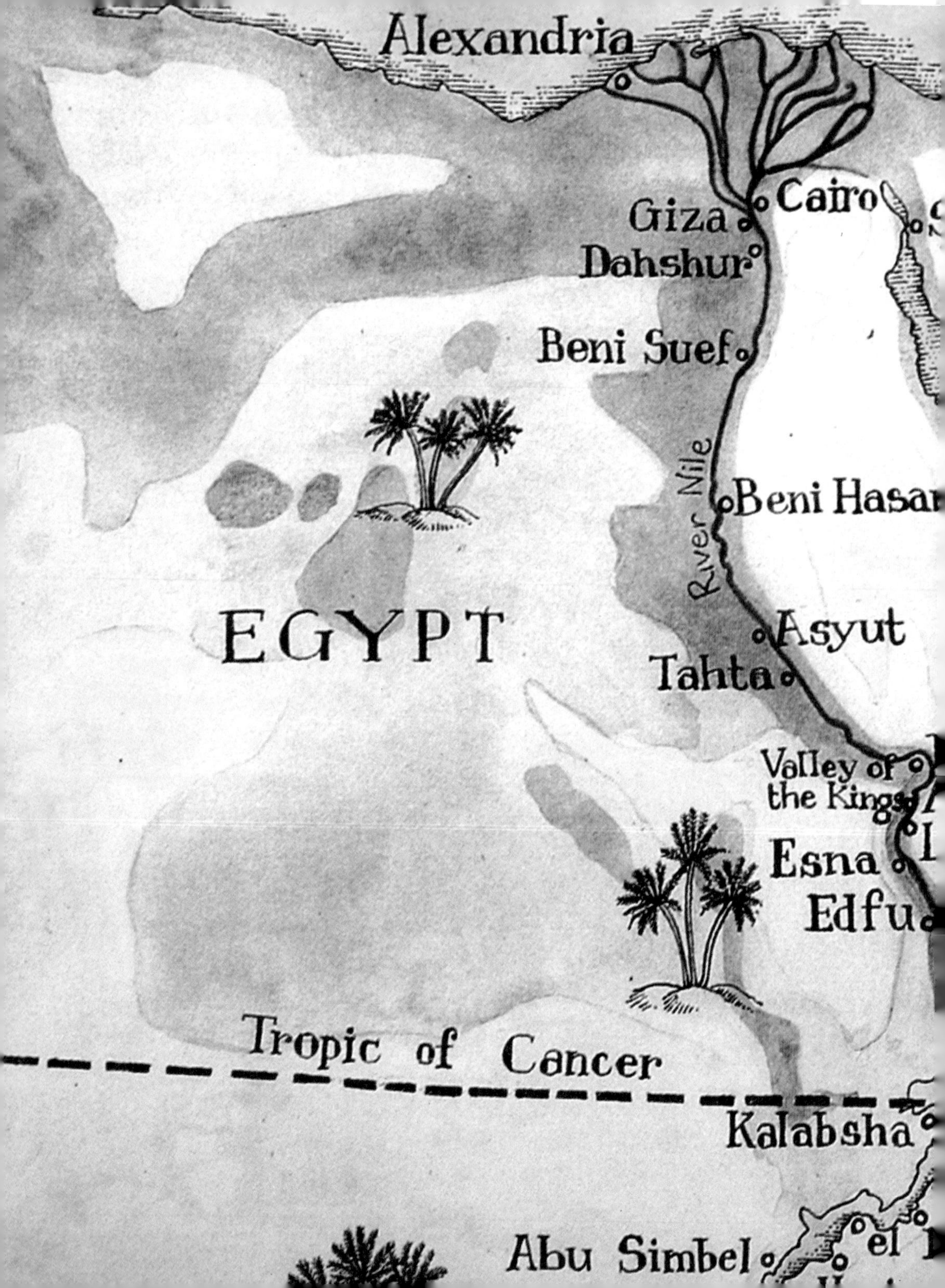

Alexandria

Cairo

Giza

Dahshur

Beni Suef

River Nile

Beni Hasan

EGYPT

Asyut

Tahta

Valley of the Kings

Esna

Edfu

Tropic of Cancer

Kalabsha

Abu Simbel

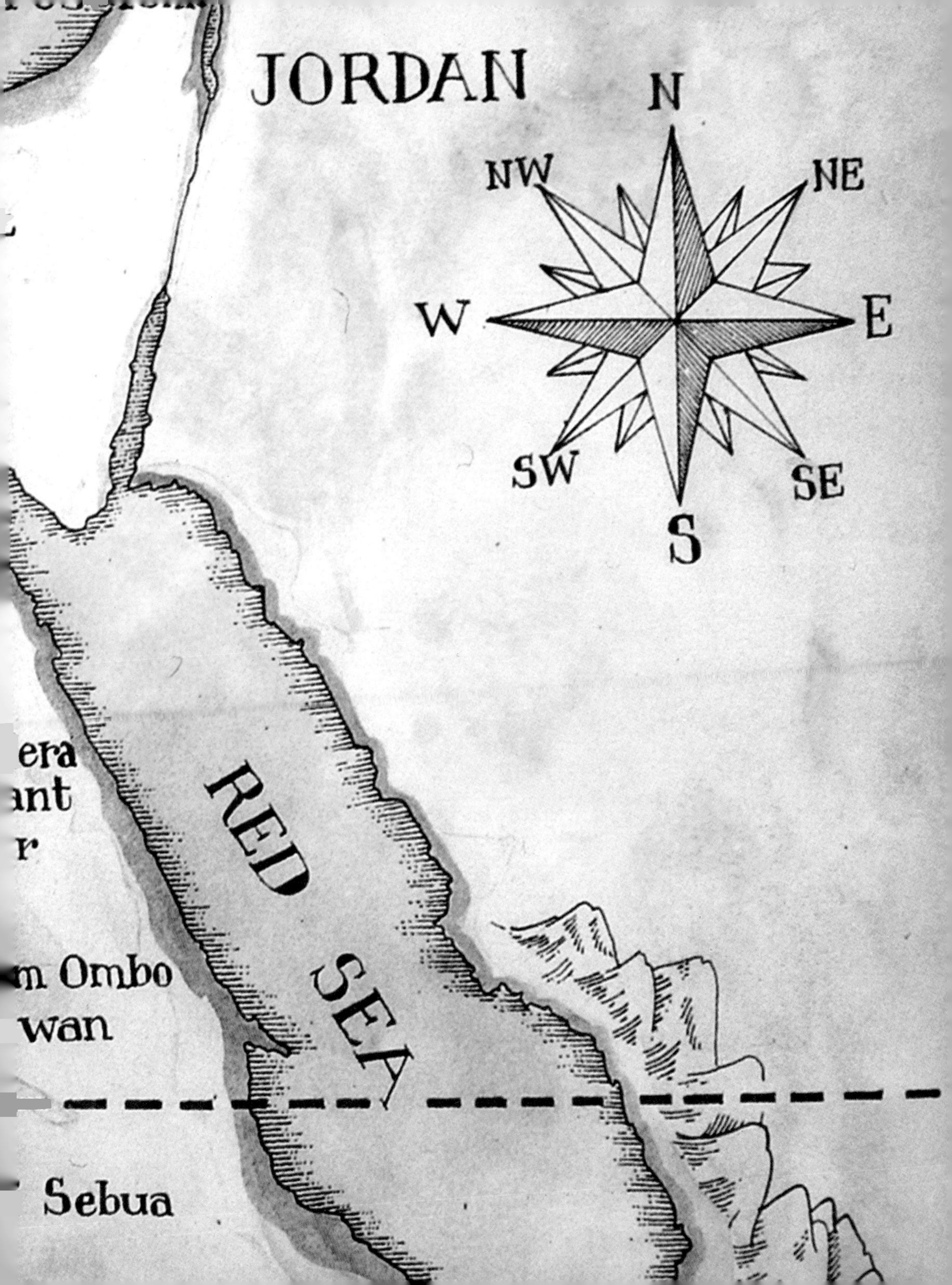

JORDAN
N
NW
NE
W
E
SW
SE
S
RED SEA
era
ant
r
m Ombo
wan
Sebua